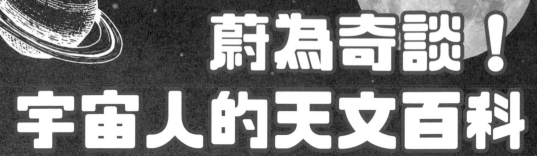

蔚為奇談！
宇宙人的天文百科
Encyclopedia of the Amazing Universe

高文芳、張祥光 ——— 主編

三民書局

國家圖書館出版品預行編目資料

蔚為奇談！宇宙人的天文百科／高文芳,張祥光主編.
－－初版一刷.－－臺北市：三民，2019
面； 公分
參考書目：面
ISBN 978－957－14－6716－0 （平裝）
1.天文學 2.宇宙 3.通俗作品

320 108015241

科學 ∞

蔚為奇談！宇宙人的天文百科

主　　　編	高文芳　張祥光		
作　　　者	卜宏毅　江瑛貴　巫俊賢　李沃龍		
	周　翊　林世昀　林宏欽　林忠義		
	林俐暉　林彥廷　林貴林　胡佳伶		
	高仲明　張光祥　陳文屏　陳江梅		
	黃崇源　葉永烜　潘國全　賴詩萍		
	顏吉鴻　饒兆聰		
責任編輯	顏欣愉		
美術編輯	陳奕臻		

發 行 人　劉振強
出 版 者　三民書局股份有限公司
地　　址　臺北市復興北路 386 號 (復北門市)
　　　　　臺北市重慶南路一段 61 號 (重南門市)
電　　話　(02)25006600
網　　址　三民網路書店 https://www.sanmin.com.tw

出版日期　初版一刷 2019 年 11 月
書籍編號　S320030
Ｉ Ｓ Ｂ Ｎ　978-957-14-6716-0

三民書局

主編序

文／高文芳、張祥光

在晴朗、沒有光害的夜空，可以看到滿天的星斗在似有若無的規律下運行。於是早期的哲學家開始思考天象和人的關係，探討天上的規律和地面上的自然現象是否相關、奇異的天象是否可以解開生命存在的意義。

夜觀天象可以說是人類文化進展的重要里程碑，為了觀察天象、解開天體運行的法則，科學家用盡洪荒之力，運用所有科學知識、創造出人意表的儀器和工具，把人類的智慧發展到極致。宇宙、天文的研究，不但是人類文明活動的啟蒙，也是充滿挑戰的科學。

我們的宇宙

太陽系有八個行星和幾個矮行星，還有無數體型較小的小行星和彗星。水星、金星、地球、火星、木星、土星、天王星及海王星，八個行星組成太陽系的大家庭。太陽系外還有很多像太陽一樣會發光的恆星，這些恆星以數以千億計的方式聚集成星系。

像銀河系這樣的螺旋星系，是由數千億 (10^{11}) 顆恆星組成的結構，而我們看得到的宇宙裡又有數千億個以上的星系。比鄰星是離太陽最近的恆星，距離大約是 4.2 光年；鄰近的仙女座星系，則是距離地球大約 250 萬光年的大型星系。

恆星一開始是星際空間裡的氣體分子因為彼此的萬有引力聚集而成，其中很大一部分是早期宇宙就已經存在的氫和氦。隨著氣體愈擠愈多、溫度也愈擠愈高。當核心的平均溫度高達 1,000 萬度，氫原子

核開始融合成氦原子核，就會開始穩定地發出耀眼光芒，宣告自己以恆星的身分誕生，進入新的生命旅程。恆星的演化過程非常戲劇化，像太陽這樣的恆星從開始演化至今已經接近 50 億年，大約還要經過 50 億年才會褪去光華，變成一顆白矮星。比太陽重很多的恆星，最後則會經過超新星爆炸演化成中子星或黑洞等非常吸引人的奇異天體。這些有趣的天文現象，也是這本書的精彩劇情。

南半球的燦爛夜空

視力不錯的朋友，在晴朗的晚上，還可以看到三、四千顆像太陽一樣的小星星。以前的人以為滿天的小星星都不太愛運動，老是在天上向我們眨眼睛，因此被稱為「恆星」。雖然兒歌唱著「一閃一閃亮晶晶，滿天都是小星星」，但是眼睛可以看到的，都是離我們比較近的恆星，再遠一點的恆星就變成一片光暈，不容易看清楚。

拿一張白紙，試著在上面點出 50 × 60 個點。要點完 3,000 個點還真不輕鬆。但以前就有很多天文學家，每個晚上都很認真的在天球上記錄幾千顆恆星的一動一靜，想想就知道是很辛苦的工作，值得我們為這些偉大的天文學家按一個讚。

銀河系的恆星多數在一個扁平的盤面上繞著核心旋轉，這個盤面的厚度多半只有幾千光年左右，直徑則在 10 萬光年上下。太陽在盤面的位置離銀河系的核心 2.5 萬光年，但是銀河系恆星的分布愈往外側愈稀疏，因此太陽可以說是住在銀河系比較偏僻的郊區。銀河系的盤面從地球看過去，就像是一條淡白的銀色河流盤繞整個夜空。

七夕的北半球夜空，能看到織女和牛郎在銀河的兩岸深情對望，令人神往。更棒的是，由於銀河系中心俯視南半球的天空，因此在南半球還可以看到銀河系中心附近難以形容的壯觀景象。

大霹靂

1929 年哈伯發現宇宙正在膨脹，於是有科學家推測，早期宇宙應該非常擁擠、非常高溫，並提出「大霹靂」理論。大霹靂理論一開始不受重視，但 1948 年科學家根據這個理論解釋宇宙冷卻的過程：為什麼氫、氦的元素數量比值會自然形成為 12：1 ？這個預測成為支持大霹靂理論的一個重要證據。隨後在 1964 年，彭齊亞斯和威爾森發現大霹靂理論中預測的宇宙微波背景輻射，大霹靂就此成為宇宙學最有力的理論。

根據大霹靂理論的預測，我們的宇宙年齡大約是 138 億年。但科學家在 1998 年更進一步發現我們的宇宙正在加速膨脹，估算出我們所能觀察到的最早期宇宙，已經距離我們大約 460 億光年那麼遠。

科學家觀測銀河裡的物質，發現數量最多的元素是氫，再來就是氦，兩者的數量比大約是 12：1。這個比例乍看之下平凡無奇，卻有驚人的巧合——不但在整個宇宙如此，銀河系也如此，連木星大氣層目前的氫氦數量比也是如此。1948 年，三位科學家根據大霹靂理論的推演，終於完全理解宇宙中氫氦數量比形成的原因。這段有趣的故事，也讓宇宙學的發展充滿熱情與樂趣。

這本書分成五個部分：宇宙人的家庭成員、搖籃、奮鬥史、望遠鏡及狂想曲。除了包山包海的寶貴知識，以及宇宙演化過程的歷史，還會向大家介紹一些有趣的天文學家和天文故事。本書邀請了 24 位關心天文科普教育的先進朋友一起合作，透過一篇篇的故事，和大家一起分享我們對探索宇宙的歡樂與喜悅，同時傳達科學家對生命、自然、地球及宇宙的真情與關懷。

作者簡介 （依姓氏筆畫順序排序）

✳ 卜宏毅
加拿大圓周理論物理研究所博士後研究員

✳ 江瑛貴
國立清華大學天文研究所教授

✳ 巫俊賢
東吳大學物理系副教授

✳ 李沃龍
國立臺灣師範大學物理系副教授

✳ 周　翊
國立中央大學天文研究所教授

✳ 林世昀
國立彰化師範大學物理系教授

✳ 林宏欽
國立中央大學鹿林天文臺臺長

✳ 林忠義
國立中央大學天文研究所博士後研究員

✳ 林俐暉
中央研究院天文及天文物理研究所副研究員

✳ 林彥廷
中央研究院天文及天文物理研究所副研究員

✳ 林貴林
國立交通大學物理研究所教授

✳ 胡佳伶
臺北市立天文館解說員

✳ 高文芳
國立交通大學物理研究所教授

* **高仲明**
  國立中央大學天文研究所教授

* **張光祥**
  國立中央大學天文研究所技士

* **張祥光**
  國立清華大學天文研究所與物理系教授

* **陳文屏**
  國立中央大學天文研究所教授

* **陳江梅**
  國立中央大學物理系教授

* **黃崇源**
  國立中央大學天文研究所教授

* **葉永烜**
  國立中央大學天文研究所教授

* **潘國全**
  國立清華大學天文研究所教授

* **賴詩萍**
  國立清華大學天文研究所教授

* **顏吉鴻**
  中央研究院天文及天文物理研究所 OIR 計畫支援科學家

* **饒兆聰**
  國立中央大學天文研究所副教授

蔚為奇談！
宇宙人的天文百科

CONTENTS
目錄

III 宇宙人的奮鬥史

IV 宇宙人的望遠鏡

V 宇宙人的狂想曲

✴ 挑戰級：適合進階閱讀

I

宇宙人的
家庭成員

1 歡迎光臨牛奶大道：我們的銀河家族

文／江瑛貴

　　在知道人類所處的地球是圍繞著太陽運行的一顆行星之後，我們除了驚訝人類居然是站在一顆會動的大球上，自然還會好奇地想問：那太陽呢？太陽也會動嗎？太陽是繞著天上的某顆星星運行嗎？太陽是宇宙的中心嗎？這麼難的問題，居然已經被聰明的天文學家給解決了呢！

　　夜晚的天空，有許多看起來亮亮的星星。這些星星絕大部分都是類似太陽的恆星。它們有些很亮，有些較暗。而彼此靠得較近的一群，被看成是同一組星星。古時候的人，將一組組星星排成的形狀，想像成各式各樣的偉大天神，並直接以天神的名字來稱呼各組星星，這就是**星座**的由來。

　　不過，也有很多並不屬於任何星座的恆星散落在天空的各個方向，其中朝人馬座的方向有特別多恆星。它們不僅多得數不清，還連成一片，看起來像一片雲，這就是**銀河**。亮亮的星點綿延不絕，看起來確實像是一條銀色的長河。古代的希臘人想像這是某位天神把滿滿一桶

▲圖 1　朝人馬座的方向有特別多恆星，形成一條銀河。 (Credits: Shutterstock)

牛奶朝某個方向用力潑，灑出去的牛奶直接貼在天空上，變成銀河。銀河的英文 "Milky Way" 翻譯成中文就是 「牛奶鋪成的路」，而銀河的另一個英文稱呼 "Galaxy"，則是源於希臘文的「牛奶」一詞。

為什麼會有這條眾多恆星組成的銀河呢？

　　為了知道這個問題的答案，光是靠眼睛觀察得到的印象還不夠，必須確實知道銀河內外的恆星在數量上的差別才行。古代的天文學家經過一番努力，精確地測量出各個恆星的位置和距離。他們發現，大部分的恆星都位於同一個盤面上，而這個盤面就像是浮在空中的飛盤，只是這個飛盤不是塑膠做的，而是由恆星所組成。我們的太陽，就是這個飛盤裡的其中一個恆星。

在這個超大型的飛盤裡，太陽和地球都只是盤面上的一個小黑點，而我們人類就像是黑點上的超小螞蟻。當我們這群超小螞蟻拿著望遠鏡從盤面上的某個位置往四面八方看，會看到什麼呢？假如是往盤子的正上方及正下方看，自然看不到盤子本身；如果是朝著與盤面平行的方向看過去，將會看到組成盤身的許多恆星。這個方向就是我們觀測到銀河的方向，也就是銀河在天空中呈現帶狀分布的原因。

換個角度想，假設這些恆星是一球冰淇淋內的許多小黑點，從內到外到處都有，而太陽也是其中一個小黑點，那麼位在太陽附近的我們，不管朝著哪個方向看，都會看到很多恆星，不會有一條帶狀的銀河出現在天上。因此，我們可以確定太陽是在一個由許多恆星所組成的飛盤裡，而這個飛盤被稱為**銀河系**。

太陽位於銀河系的中心嗎？

一開始，古代的天文學家確實是這樣認為的，就如同人類一開始以為地球是太陽系的中心一樣。但是隨著愈來愈多恆星的位置和距離被精確地測量出來後，開始有少數的天文學家認為太陽可能不在銀河系的中心。那麼，銀河系的中心點在哪兒呢？天文學家夏普里 (Harlow Shapley) 注意到銀河盤面上下有很多的球狀星團[1]，每個球狀星團裡都有數十萬顆恆星，從內到外就像是一球冰淇淋內的許多小黑點。這些恆星有的大、有的小、有些顏色偏藍、有些顏色偏紅，還有一些會變亮又變暗，然後再變回原來的亮度[2]。雖然不同的恆星各有特色，但是天文學家認為，同一個球狀星團內的各個恆星，應該是由同一塊雲

---

1. 詳情請參〈I-9 熱鬧的恆星出生地：星團〉篇。

2. 亮度會變化的恆星稱為「變星」。詳情請參〈I-8 破除永恆不變的神話：忽明忽暗的變星〉篇。

▲圖 2　銀河系的(a)俯視圖；(b)側視圖 (Credits: ESA)

氣形成的，當這些球狀星團形成時，整個銀河系也正在成形，各個方位的雲氣數量應該差不多。

　　於是夏普里把這些球狀星團在天空上的位置以及和我們的距離，精確地量了出來。他認為：所有球狀星團在三維空間分布的中心點就是銀河系的中心。得到所有球狀星團的三維座標後，他算出中心點，然而這個點並不在太陽附近，而且離太陽很遠，於是太陽不是銀河系中心的觀念就此建立，之後天文學家們也確定了銀河系的中心是在人馬座方向上的一個點。

那個中心點有什麼特別的東西嗎？

　　天文學家發現，雖然銀河系的恆星大都排列在一個漂浮的飛盤上，但是位在銀河系中心附近的恆星，卻組成一個球形。這個球鑲在飛盤中央，使得銀河系的外觀就像是外星人乘坐的飛碟！後來隨著天文觀測技術的進步，天文學家成功監測銀河系最中心區域的幾個恆星的運動，還把它們的運行軌道描繪出來。從這幾個恆星的軌道大小和運行

▲圖 3　仙女座星系 (Credits: NASA/JPL-Caltech)

速度，可以計算出它們所圍繞的中心點的質量。令人驚訝的是，這個質量比一百萬個太陽相加起來的總質量還要大，證實銀河系的中心是一個超大質量黑洞！

　　事實上，在浩瀚的宇宙裡有許多類似銀河系的東西，它們被通稱為**星系**。有的星系比銀河系還大，有些則是叫作**矮星系**的迷你型星系。至於形狀更是五花八門，除了飛碟狀的**盤狀星系**、橄欖球狀的**橢球星系**，還有些是奇形怪狀的**不規則星系**。這些星系常常成群結隊，比方說比銀河系稍微大一點點的仙女座星系就離我們不遠，它和銀河系一樣是盤狀星系。圍繞著銀河系的人馬座矮星系及麥哲倫雲矮星系離我們更近，與銀河系共同組成了一個家族。

2 太陽系的冰雪奇緣：
彗星

文／胡佳伶、林忠義

淵遠流長的彗星歷史

古時不論中外，彗星皆被當作不祥之物，人們認為它是國家衰亡或天災人禍的預兆，這從中國古代對彗星的其他稱呼：孛星、星孛、妖星、異星、蓬星、長星……便不難看出。中國對於彗星的記載歷史悠久而且詳細，在《淮南子・兵略訓》一書中「武王伐紂……彗星出而授殷人其柄。」便記載著西元前 11 世紀的一次彗星大象；《春秋》當中魯文公十四年（西元前 613 年）的彗星紀錄：「秋七月，有星孛入於北斗。」不但是有確切年代可考的最早記載，更是世界上關於哈雷彗星的最早史料；《晉書・天文志》所寫的「史臣案，彗體無光，傅日而為光，故夕見則東指，晨見則西指。在日南北，皆隨日光而指。」則是首次對彗星的性質、形態和彗尾的成因有比較詳細且正確的描述。古人對彗星之戒慎，更可以從中國湖南省長沙馬王堆三號出土的《西漢古墓帛書》看出——內有 29 幅不同彗星形態的圖，記錄古代所觀測到的各種形狀的彗核與彗尾。

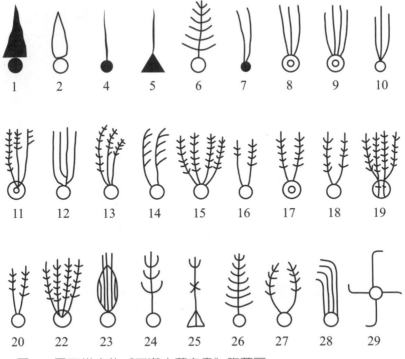

▲圖 1　馬王堆中的《西漢古墓帛書》臨摹圖

　　西方對彗星本質的解釋，始於亞里斯多德的宇宙論，他認為彗星是種大氣現象。1543 年，哥白尼 (Nicolaus Copernicus) 出版《天體運行論》提出日心說，卻也未對彗星提出新見解。直到 16 世紀末期，麥可‧麥斯特林 (Michael Maestlin) 及第谷‧布拉罕 (Tycho Brahe) 觀測1577 年出現的大彗星時，才首次注意到彗星在天空移動的角速度比月亮慢很多，證明彗星比月球距離我們更遠；也就是說，彗星並非屬於亞里斯多德主張的地球領域，而是在以太[1]構成的天域之中。

1.亞里斯多德認為水、氣、火、土四種元素屬於地球，而以太 (ether) 則是構成日
　月星辰的第五元素。

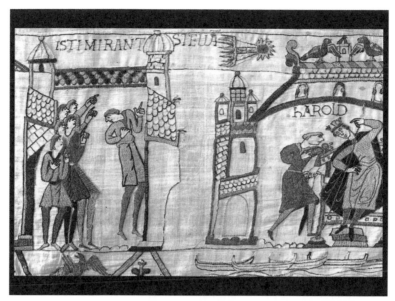

▲圖 2　貝葉掛毯上有哈雷彗星經過的景象，當時人們認為彗星經過會帶來厄運！(Credits: S. Lachinov)

　　西方歷史中，彗星與災難的連結也不遑多讓。著名的貝葉掛毯記載著哈雷彗星來訪的西元 1066 年，英格蘭正發生王位爭奪戰爭。即使到了現代，彗星仍常被部分媒體或宗教渲染成災難和世界末日的徵兆。然而，每年前來拜訪地球的彗星有數十顆之多，只要對這個太陽系小天體稍有瞭解，應該就會覺得能遇到大彗星造訪這樣難得的天象並非災難，反而是一件幸運的盛事！

彗星的發現與命名

　　彗星是極少數可以用發現者名字命名的天體。第一顆在臺灣發現、命名的彗星是 2009 年來訪的**鹿林彗星**（Comet Lulin， 編號 C/2007 N3），由中央大學鹿林天文臺所發現。

▲圖 3　鹿林彗星是鹿林天文臺第一顆發現的彗星
(Credits: R. Richins)

　　然而在彗星的命名規則被修訂之前，曾用以下幾種方式命名：

(1)以彗星出現的年分（或加上月分）命名：

　　20 世紀前，大部分的彗星僅簡單地以出現的年分或加上月分為名，像是 1680 年大彗星（編號 C/1680 V1）[2]、1882 年 9 月大彗星（The Great Comet of September 1882，編號 C/1882 R1）、和 1910 年白晝大彗星 (The Great Daylight Comet of 1910)[3] 等。

(2)以計算出彗星軌道的天文學家命名：

　　在哈雷 (Edmon Halley) 計算出 1531、1607、1682 年造訪的彗星其實是同一個天體，並成功預測它在 1759 年的回歸之後，這顆彗星就被命名為**哈雷彗星** (Comet Halley)。第二顆和第三顆被確認的週期彗星——恩克彗星 (Comet Encke) 和比拉彗星 (Comet Biela)，也同樣是以計算出軌道的天文學家，而非當初的發現者命名。

2.1680 年大彗星是第一顆由望遠鏡發現的彗星，也有人以發現者的名字稱之為「基爾希的彗星」(Kirch's Comet)。

3.又稱為 1910 年 1 月大彗星 (The Great January Comet of 1910)。

⑶以彗星的發現者命名：

至 20 世紀早期，以發現者的名字為彗星命名已非常普遍，直至今日皆然。彗星的名稱至多可以列入三位獨立發現者的名字，像**海爾－波普彗星**（Comet Hale-Bopp，編號 C/1995 O1）就是以兩位獨立發現者海爾 (Alan Hale) 與波普 (Thomas Bopp) 命名；另外，以著名的彗星獵人麥克諾特 (Robert H. McNaught) 命名的彗星已經超過 50 顆。然而近年來，許多彗星皆由國際間的大型巡天計畫所發現，因此以計畫名稱命名的彗星也處處可見，比如 **Pan-STARRS 彗星**即是由泛星計畫（Panoramic Survey Telescope and Rapid Response System，簡稱 Pan-STARRS）發現。

▲圖 4　1986 年拍攝到的哈雷彗星
(Credits: NASA/W. Liller)

▲圖 5　海爾－波普彗星
(Credits: Shutterstock)

⑷以發現彗星的西元年分加上代表順序的英文字母暫時命名：

1995 年以前，除了以發現者的姓名為彗星命名之外，也會以發現的西元年分加上代表當年發現順序的小寫英文字母，給予彗星暫時性的名稱。像班尼特彗星曾被暫時命名為 "1969i Bennett"，就是 1969 年第九顆被發現的彗星。

⑸以彗星通過近日點的年分加上代表順序的羅馬數字永久命名：

一旦軌道確定之後，則以通過近日點的年分和代表順序的羅馬數字給予彗星永久名稱。像班尼特彗星是 1970 年第二顆通過近日點的彗星，因此它的永久命名就是 "1970 II"。

如果一年當中被發現的彗星（暫時命名者）不只 26 顆，這時便會在英文字母後面加上阿拉伯數字繼續編號，以 1989 年為例，當年的彗星編號就達 1989h1。但這套命名系統存在一些缺陷，比如歷史上有些彗星缺乏確切的軌道紀錄，因而在永久命名上造成困擾。為了解決這種困擾，國際天文聯合會（International Astronomical Union，簡稱 IAU）於 1994 年 8 月 24 日在荷蘭海牙舉行的大會中，決議修改舊有的彗星命名規則，並自 1995 年開始使用新的彗星命名規則：

> 一年之中，以每半個月為一單位，使用英文大寫字母表示發現彗星的時間（略過字母 I 和 Z），再加上數字表示該時段內被宣布發現的順序（和小行星的命名規則雷同），另外還會依彗星的性質在名字加上前綴標示。

如 C/2012 S1（ISON 彗星）就是在 2012 年 9 月下半月第一顆被發現的非週期性彗星。

▼表 1　發現彗星的時間與英文大寫字母的對照表

月分	1	2	3	4	5	6	7	8	9	10	11	12
上半月	A	C	E	G	J	L	N	P	R	T	V	X
下半月	B	D	F	H	K	M	O	Q	S	U	W	Y

▼表 2　彗星命名時加上前綴字母標示的意義

前綴字母	意義
P/	週期性彗星（週期小於 200 年或確認不只一次通過近日點）
C/	非週期性彗星
X/	無法計算出有意義的軌道，但常見於歷史上的彗星
D/	已消失的週期性彗星
A/	被誤認為彗星的小行星

彗星的構造

彗星的構造可大致分為彗核 (nucleus)、彗髮 (coma) 與彗尾 (tail) 三部分。

⑴彗核：

彗核曾經被稱為「髒雪球」，在遠離太陽時是個又小又黑[4]的冰凍物體，大小從幾百公尺到幾十公里不等，其主要成分為水冰[5]、塵埃、石塊和一些有機物質[6]。在太空船還未曾造訪彗星時，天文學家一直認為彗核的樣貌就如同雪地中滾出的雪球一樣，然而就在 1986 年喬托號 (Giotto) 太空船近距離探訪哈雷彗星後，發現彗核表面其實是岩石及塵埃所覆蓋的薄殼，不像雪球的表面覆滿冰塵，因此以「髒泥球」這個新稱號來稱呼彗核似乎更加貼切！

⑵彗髮：

當彗星靠近太陽時，固態的水冰開始昇華，從彗核噴出，並帶出

4.彗核的反照率非常低，大約只有 4% 左右，幾乎不會反射光。

5.固態的水、二氧化碳、甲烷、氨等。

6.甲醇、氰化氫、甲醛、乙醇、乙烷等。

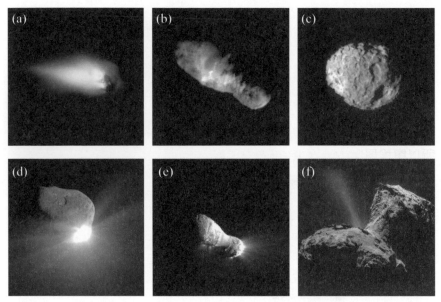

▲圖 6　1986 年以來，太空船已經造訪並近距離觀測彗星的形狀與大小。
(Credits: (a) Halley Multicolor Camera Team/Giotto Project/ESA; (b) NASA
Planetary Photojournal; (c) NASA; (d)(e) NASA/JPL-Caltech/UMD; (f) ESA/Rosetta/
NAVCAM）

彗核表面的塵粒，形成稀薄的雲氣。這些雲氣和灰塵包圍在彗核外，
形成球形的塵氣，稱為彗髮。彗星與太陽的距離會影響從彗核噴出的
物質多寡，繼而改變彗髮的大小，彗髮的直徑可達數十萬到數百萬公
里不等。

　　彗髮中包含中性分子及灰塵，彗核中的氣體母分子 (CH_4、CO_2、
NH_2、H_2O) 在接近太陽時被釋放出來，因為生命週期短暫，所以不易
觀測。當這些母分子因光解離作用[7] 產生第二代和第三代的分子 (OH、
CN、C_2、C_3、NH_2)，生命週期可長達數十萬到數百萬秒。彗髮外圍
還環繞著由氫原子所構成的巨大分子雲氣 (hydrogen envelope)，由於
氫原子很輕、擴散速度快，因此這團雲氣的大小可達到數千萬公里，
其光譜的波長極短，僅有太空望遠鏡的紫外線波段可以觀測到影像。

7.光解離作用：指分子吸收光的能量而發生解離的現象。

⑶彗尾：

當彗星持續靠近太陽，彗尾就慢慢出現了。彗尾通常有兩條，一條是寬而彎曲的**塵埃尾**，一條是窄而筆直的**離子尾**。塵埃尾因塵埃顆粒反射、散射太陽光而呈現黃白色，形貌瀰散。另一方面，充斥在彗星中各種不同大小的塵埃會受太陽的重力與光壓[8]影響而呈現彎曲，所以塵埃尾並非恰在彗星與太陽的反側，而是會略微彎向太陽。

藍色[9]的離子尾狹長而筆直，方向永遠背向太陽。離子尾的成因是彗髮的中性物質經過太陽風的光解離作用，形成離子態的 H_2O^+、CO^+、N_2^+、CO_2^+、OH^+，這些離子會和電子共存，呈現電漿狀態，因此也被稱為**電漿尾** (plasma tail)。當太陽風接觸到這些帶電的氣體離子時，會將這些氣體離子推離太陽，又因這些氣體離子的質量很小，所以加速度非常大，使得離子尾所形成的狹長直線，長度可達 $10^7 \sim 10^8$ 公里，不過這些氣體離子也會受到太陽磁場的影響，因而產生輕微的彎曲、分岔與斷裂現象。

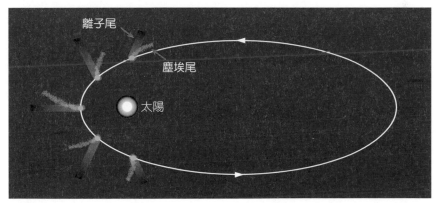

▲圖7 彗星接近太陽時，會出現背向太陽的彗尾。

8.當太陽輻射的光子碰撞到物體表面時會產生壓力，稱為光壓。

9.離子尾在可見光波段的主要發光物質是波長約 4,273 埃 (Å, 1 Å=10^{-10} m) 的一氧化碳離子 (CO^+)，這也是離子尾常呈藍色的原因。

彗星的來源與分類

一般會將公轉週期長於 200 年的彗星歸類為長週期彗星，短於 200 年的歸類為短週期彗星。長週期或非週期彗星的來源是距離太陽 5 萬到 10 萬天文單位[10]處，球殼狀的**歐特雲** (Oort Cloud)[11]。歐特雲的概念是 1950 年由荷蘭天文學家歐特 (Jan Oort) 所提出。理論上，可能有 1,000 億到 2 兆個冰體組成的彗星核形成自早期太陽系生成行星後所遺留下來的物質，並在大行星的重力擾動下，被拋至此處（歐特雲）[12]。當巨大的分子雲或恆星經過太陽系附近，或是受到銀河盤面潮汐作用的影響，會使歐特雲中的天體受到擾動，進入太陽系內部，形成可能是橢圓軌道的長週期彗星，或可能是雙曲線或拋物線軌道的非週期彗星。

因為這些長週期或非週期彗星的軌道傾角平均散落在各個方向，才使得科學家推測出歐特雲為球殼狀分布的區域。近年來，隨著望遠鏡的口徑變大與偵測技術的改良，相繼發現許多內歐特雲的天體，如 2003 年發現的海王星外天體賽德娜[13]、2012 年發現的 2012 VP$_{113}$[14]等，顯示歐特雲這個假設性的區域的確存在。

10.天文單位：天文學上使用的長度單位，英文縮寫為 au，約為 1.5 億公里。

11.歐特雲目前仍然只是假設性的學說，並未有任何直接證據證明其存在。

12.詳情請參〈II-3 歷史悠久的行星芭蕾舞：太陽系的起源〉篇。

13.賽德娜：Sedna，編號 2003 VB12，近日點距離太陽約 76 天文單位，遠日點距離太陽則約可達 937 天文單位，公轉週期約 10,500 年。

14.2012 VP$_{113}$ 的週期長達 4,590 年，近日點和遠日點分別是 80 與 472 天文單位，是第二個在歐特雲內側區域發現的天體。

短週期彗星可能來自位在海王星外圍 35～100 天文單位的**柯伊伯帶** (Kuiper Belt)。由於這些彗星的軌道傾角幾乎集中在黃道面[15] 30° 內 ，因此科學家推測柯伊伯帶的形狀為扁平圓盤狀。從第一個柯伊伯帶天體 (1992 QB1) 被發現至今 ，天文學家已經發現了多達 1,000 多個柯伊伯帶天體，故柯伊伯帶的存在已經被確認。如同在木星與火星之間以帶狀分布的小行星帶 (asteroid belt)，天文學家預測有數十萬個直徑大於 100 公里的冰質天體及上兆個小彗核散布在此處。

短週期的彗星依其週期與位置，可粗略分類如下：

⑴木星族彗星 (Jupiter Family Comets)：

週期短於 20 年、低傾角 (不超過黃道面 30°) 的彗星。

⑵哈雷族彗星 (Halley Family Comets)：

週期在 20～200 年之間、軌道傾角從 0° 到超過 90° 的彗星。

⑶掠日彗星族 (Sungrazing Comets)：

近日點很接近太陽是掠日彗星族的軌道特性之一。在太陽強大的潮汐力影響下，小彗星可能蒸發殆盡，大彗星也難逃

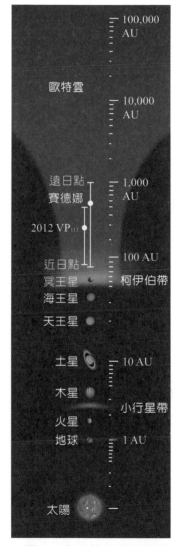

▲圖 8　存在於內歐特雲的賽德娜、2012 VP[113] 天體與柯伊伯帶、歐特雲的相對位置圖 (Reference: M. E. Schwamb)

15.黃道面：太陽與行星軌道主要集中的平面。

粉身碎骨的命運。軌道類似的掠日彗星，可能源自同一顆大彗星分裂而成。德國天文學家克魯茲 (Heinrich Kreutz) 首度注意到 1843 年、1880 年及 1882 年的掠日彗星共通點，指出這些彗星可能來自 1066 年一顆大彗星解體的碎片，稱為**克魯茲族彗星** (Kreutz Sungrazers)。1965 年明亮的池谷・關彗星（編號 C/1965 S1），和 2011 年掀起許多驚呼的洛夫喬伊彗星（Comet Lovejoy，編號 C/2011 W3）都是克魯茲族彗星的成員。主要目的為探測太陽的 SOHO 衛星在 1995 年升空後歷經 20 多年的觀測，已經為克魯茲族彗星的數目增加了 3,000 多顆！除此之外，SOHO 衛星還發現科里切特族 (Kracht)、科里切特 2A 族、馬斯登族 (Marsden) 及邁耶族 (Meyer) 等新的掠日彗星。

⑷**主帶彗星 (Main Belt Comets)：**

　　顧名思義，這一類的彗星就位於木星與火星之間以帶狀分布的小行星帶內，也因此有另一個稱謂——活躍的小行星。不同於多數彗星的軌道，主帶彗星的軌道接近圓形，離心率和軌道傾角都與小行星帶相似。近年來，天文學家逐漸關注主帶彗星的重要性，除了因為它是第三個彗星的來源地之外（前兩個是歐特雲和柯伊伯帶），更重要的是，主帶彗星與其他兩個彗星來源地之間沒有明確的動力學演化路徑，因此主帶彗星中的水冰可能與其他彗星中的水冰有不同的歷史起源[16]，加以探究將有助於瞭解地球海洋的起源。

彗星的科學研究

　　正如文章前面所提到的，彗星不同於其他的天體，除了從古至今一直為人類帶來不同的驚喜外，在科學研究上也很有價值。例如觀察

---

16. 主帶彗星：在 3 au 附近，形成溫度約 150 K；歐特雲：在 5～30 au 之間，形成溫度為 50～100 K；柯伊伯帶：大於 30 au，形成溫度是 50 K 或更低。

離子尾的變化有助於瞭解彗星附近的太陽風特性；而藉由彗髮中的化學成分與比例，則可以幫助我們瞭解彗星在原始太陽系生成的環境，尤其是從歐特雲來的長週期彗星，因為受到太陽輻射的影響少，故能保留更多太陽系形成之初的樣貌。除此之外，彗星與地球上的水與生命起源的連結是否相關，也是科學家一直想找尋的答案！

目前關於水的起源，在科學界有一種說法是：地球上的水實際上是來自地球外部，也就是外太空。而從外太空把水帶到地球的源頭被認為是彗星和一些小行星。在地球誕生之初，由於引力的存在，使得漂浮在地球周圍的彗星和一些小行星撞擊到地球。而這些彗星和小行星中含有一定量的水，也正是因為這些外來天體降落到地球成為隕石，使得其中冰封的水資源跟著被帶到地球。

為了追蹤地球水的來源，科學家研究水的同位素比值，特別是氘氫比（又稱 D/H）。然而到目前為止，大部分被測量到的彗星 D/H 比值一般是地球海洋的 2～3 倍， 這意味著彗星只輸送給地球大約 10% 的水。然而卻有 3 顆超級活躍[17]的彗星 (45P, 46P, 103P) 呈現與地球海洋相同的比值，而這個數值與彗星的活躍程度有關[18]，表示先前在彗髮中偵測到的數據與彗核中的水冰並無一定的關聯，也就是說，彗星裡的水冰其實跟地球上的水非常相似！

另一項與彗星有關的問題是：地球上的生命是如何誕生的？這道千古謎題多年來未曾找到答案。科學家曾經透過宇宙的模擬實驗，發現地球上的生命起源很有可能是幾十億年前由彗星帶來的。根據實驗科學家們得出的結論，在宇宙行星之間存在著一種能夠產生複雜結構

17. 超級活躍的彗星是指當彗星接近太陽時，釋放出來的水量比用彗核表面積所預測的還多。

18. 彗星活躍程度與水蒸氣的 D/H 比值呈反比關係：彗星愈趨向過度活躍（即活躍度超過 1），D/H 比值下降得愈多，並且愈接近地球的 D/H 比值。

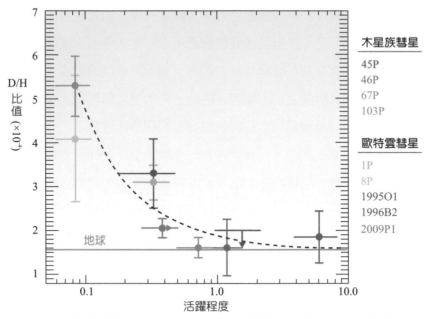

▲圖 9　木星族彗星 (JF comets) 與歐特雲彗星 (OC comets) 與地球水的氘氫比值比較 (Reference: Dariusz C. Lis et al. (2019). *Astronomy & Astrophysics*, Vol. 625 (L5), p.8, reproduced with permission © ESO.)

的化學物質**二肽**[19]，這些二肽藉由彗星撞進地球，為地球播下生命的種子。

　　不論是地球上的水與生命起源，還是太陽系形成之初樣貌的研究，未來科學家將需持續觀測這天外飛來的訪客——彗星，累積大量的觀測數據將使這些剛被解開的謎題更有說服力，也能佐證這些推論是否正確。

19.二肽（縮二氨酸）是一個肽鏈，由兩種胺基酸組成，既能夠在地球的自然環境中找到，也能夠在實驗室的環境中被創造出來。新的發現證明了構成生命本質成分的化學分子也許是通過「搭載」彗星或隕石這樣的「運載工具」抵達地球的，這些外星中的生命分子在地球環境中激活了蛋白質、酶和其他複雜的分子，最終導致生命在地球誕生。

3 黑色恐怖來襲！
吃不飽的黑洞

文／林世昀

你現在是坐著、站著，還是躺著看這本書呢？不管是哪種情形，都要感謝椅子、地板或床把你支撐住，不然你現在就是自由落體，往地心掉下去了。

抵抗塌縮的命運：原子不團結力量大

從地面以下一直延伸到地球中心，所有的物質基本上都是靠原子間的電磁作用力及費米子不相容[1]的特性，彼此排斥來撐住地球，所以物質不至於一路塌陷至地心。甚至連你身體的結構，也是透過這些組成原子彼此間的交互作用來抵抗原子彼此間的重力，使你不至於塌縮成一團肉醬。但是，對於像太陽這種比地球重很多又大很多的星體，光靠原子之間的作用力，是無法對抗自己本身的重力的。

1.費米子包含電子、夸克等基本粒子。完全相同的費米子不能處於相同的量子狀態（比如處於同一原子軌域的電子自旋方向必定相反），此即費米子不相容原理，或稱庖立不相容原理。

那太陽要怎麼抵抗自己的重力呢？太陽內部的核融合反應會產生高溫與高壓，溫度之高會讓原子無法維持原子的型態，因為電子和離子的動能太大，雙方都抓不住對方，因而無法結合，只能以電漿[2]狀態存在。這樣一來，憑著內部高溫粒子的動能互相推擠，太陽就能撐住本身的結構。

可是這並非長久之計，因為核融合的燃料總有一天會燒完。燒完以後會發生什麼事呢？很簡單，失去支撐力之後，星球本身的重力會把自己壓垮，稱為**重力塌縮** (gravitational collapse)。如果星體的質量少於約 1.3 倍的太陽質量[3]，當燃料用完時，星體內部電子之間因費米子不相容原理而互相排斥所產生的抗壓力會抗拒重力塌縮，最終形成白矮星。

倘若星體質量約在太陽質量的 1.3～3 倍之間，那麼電子之間的抗壓力也無法抵擋重力塌縮，這時就輪到中子挺身而出了。中子之間的抗壓力和星球自身的重力平衡後的產物，就是中子星[4]。

至於質量比 3 倍太陽質量還大的星體，當燃料全都燒完之後，自然界就沒有任何已知的作用力可以抵抗星體本身的重力。假如基本粒子標準模型沒有出錯，那麼這顆恆星就沒救了——它會無止盡地往核心塌陷，變成所謂的**黑洞** (black hole)。我們之所以叫它「黑洞」，不只是因為覺得這兩個字的組合很酷，或是 1960 年代發明這個名詞的惠勒 (John Wheeler) 很偉大，而是這個名字夠貼切。

2. 電漿：當電子的能量超過原子核對電子的束縛能，電子就會脫離原子成為自由電子，而原子就變成帶正電的離子。如果一團物質中的自由電子和離子平均動能都超大，它們就很難再結合成原子，於是整團物質便成為一堆自由電子和自由離子的混合物，稱為電漿。

3. 太陽質量為天文學上常用來表示巨大天體所含質量多寡的單位。

4. 中子星：neutron star，詳情請參〈I-6 來自星際深處的閃光密碼：中子星〉篇。

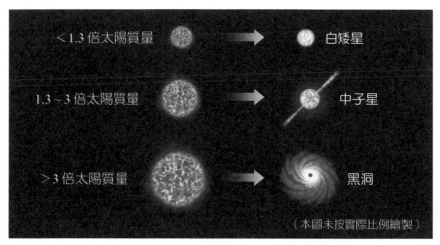

▲圖 1　不同質量的恆星重力塌縮後形成的星體 (Illustration design: Shutterstock)

　　要是恆星沒有自轉、外型是完美的球體，發生重力塌縮時，又以球對稱的方式塌陷，那麼所有的質量應該會塌陷到球心，變成一個密度無限大的點，也就是所謂的**奇異點** (singularity)。如果恆星有自轉的話，則會崩成奇異「環」。所以黑洞雖然不是真正的無底洞，但確實像是一個所有東西都會掉進去的「洞」。

　　但是！最重要的就是這個但是！不是每個渺小的局域觀察者所看到的圖像都是這樣的。不管是奇異點還是奇異環，你都得跟著星體物質一起掉進去同歸於盡，才有希望觀察到它──雖然在這之前，你應該已經被強大的潮汐力拉成麵條了。但假如你能在黑洞外頭撐住，不跟星體物質一起掉進去，而是在一個和它距離固定的地方觀察，那麼根據廣義相對論，正常的狀況下（恆星的總電荷不太大或自轉不太快的話），你不但沒辦法看到黑洞中心的奇異點或奇異環，在你眼裡，連星體物質都**不會**一路崩崩崩……崩進這個「洞」裡。

　　若你有幸目擊一個無自轉的恆星塌陷，你會發現，一開始構成恆星的物質表面會迅速塌陷，也就是球面的半徑會很快縮小，但當塌陷到接近某個特別的半徑時，塌陷速度就會慢下來。最後，星球的表面看起來會停在那個特別半徑的球面外，不再變小，我們將這個球面稱為**視界幻影** (illusory horizon)， 而這個半徑則被稱為**史瓦西半徑** (Schwartzschild radius)。在「黑洞」這個名詞尚未出現的 1960 年代前，同樣的東西被稱為**漸凍星** (frozen star)──比起黑洞，這個名字就沒那麼酷了，對吧？

黑洞的事件視界

　　對於前述與塌陷星球距離固定的觀察者而言，史瓦西半徑約和星球質量成正比。200 多年前，英國科學家米歇爾 (John Michell) 就知道這個半徑很特別了。假設星球是一個質點，這就是粒子欲從星球脫離時，所需速度恰為光速的半徑；也就是說，從視界幻影的半徑以內向外發射的古典粒子[5]，若初速度不超過光速，不可能脫離這個星球重力場的束縛，只要等得夠久，那個古典粒子就會掉回來。

　　自從相對論誕生以來，大家都知道不可能有任何東西的速度能超過光速。因此很明顯地，在史瓦西半徑之內的任何東西（包括光和所有的物質）， 無論如何都無法抵達無限遠處──重力場真正為零的地方，也就是完全擺脫這個星體的重力束縛之處。廣義相對論更進一步闡明，其實不用到無限遠處，只要觀察者位於此半徑外，就永遠無法收到由此半徑內出發的物質或信號。在此半徑以內發生的任何事件，

5.在古典物理學中，粒子的概念是很具體的顆粒；量子力學出現後，粒子與波動成為一體兩面。這裡將古典物理學中提及的粒子稱之為古典粒子，以此和近代物理所描述的粒子作區分。

外界不但無從得知，也不會被影響，於是我們將以此為半徑的球面稱為**事件視界** (event horizon)。

　　但「永遠」是什麼？觀察者怎麼能肯定自己未來絕對不會耗盡動能，墜入這個泡泡般的半徑之內呢？又或者，當黑洞的質量隨著吞噬的物質增加而愈來愈大，這個泡泡的半徑也會愈來愈大，觀察者怎麼知道自己會不會在未來的某個時刻，不知不覺就身處在事件視界之內了呢？的確，事件視界是宇宙時空的整體概念，要在未來的盡頭——宇宙結束的剎那——才能憑它完整的歷史來決定。而始終都沒有掉進黑洞的局域觀察者，無論在任何時刻沿著他們的**過去光錐**都是「看」不到事件視界的。

　　因此「事件視界」只是理論物理學家的紙上談兵，和「視界幻影」的定義有很大的不同。儘管「事件視界」存在，自由落向黑洞的局域觀察者也

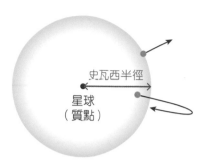

▲圖2　史瓦西半徑內的粒子，初速度需大於光速才能脫離星球重力場的束縛。

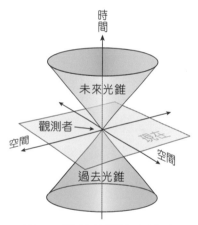

▲圖3　狹義相對論中描述一束光所經歷的時空變化，光速以內的區域構成光錐，某個時刻在觀察者的「過去光錐」之外即是觀察者無從觀察、也不會對此刻的觀察者造成影響的時空。

看不到「視界幻影」。只有在塌陷後的星球保證不再吸入更多質量的狀況下，對於前述與塌陷星球距離固定的局域觀察者來說，兩者才湊巧一樣。

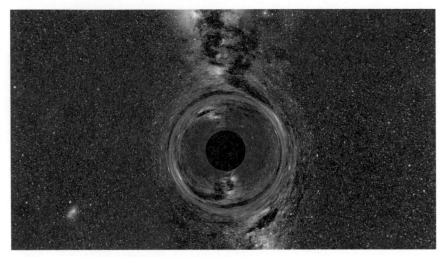

▲圖 4　從遠處看到的黑洞視界幻影想像圖 (Credits: A. Hamilton)

黑洞為什麼是黑色的？

前面解釋了「黑洞」是個東西會掉進去的「洞」，那我們為什麼說它「黑」呢？「黑」意味著觀察不到亮光，也就是不發光也不反光。精確一點說，有兩個層面：

> (1)事件視界內的光永遠出不來，所以從外部來看，「洞」會「黑暗」無光。
>
> (2)事件視界之外、從黑洞表面附近爬出來的光，大部分的能量都消耗在克服重力位能上，所以幸運脫逃的光，在遠處被觀察到時已經奄奄一息，能量比起當初在黑洞表面附近時低了不少。

由於光子的能量和光的波長成反比，光子能量變低意味著光的波長被重力拉伸到遠比可見光或微波更長的尺度，意即光譜往紅外光的方向偏移，所以在重力塌陷後，你的眼睛很快就看不見塌陷星球最後的餘暉了。你看到的亮光（如果有的話）其實都是黑洞外的其他物質發出來的[6]。

　　以前的人以為，只要等得夠久，黑洞將會完全黑掉，最後自身完全不發光。直到 1970 年代，霍金 (Stephen Hawking) 研究彎曲時空中的量子場論，才發現黑洞在生命的晚期還是會不甘寂寞，散發出正能量。而觀察者在無限遠處收到的黑洞輻射，其光譜所對應的溫度，和黑洞的質量成反比；也就是說，放進黑洞的能量或質量愈多，黑洞的溫度反而愈低[7]。

　　黑洞輻射的產生其實源自量子效應[8]，難怪以前研究古典廣義相對論的聰明學者們都沒算到。而霍金之所以會往這方面想，本來是想理解、反駁黑洞的另一項怪異性質：黑洞的熵[9]和事件視界的表面積成正比，而非和黑洞的體積成正比。當初貝肯斯坦 (Jacob Bekenstein) 提出這項性質時，已經覺察到要加入量子效應才能圓滿他的推論。霍金一開始不認同貝肯斯坦的論點而想挑戰他，不料最後不僅反過來證明貝肯斯坦是對的，還把在熱力學裡和熵配對的物理量——**溫度**也給推導出來，再次示範理論物理「互相漏氣求進步」的優良傳統。

　　吃人不吐骨頭的黑洞，吃得愈多變得溫度愈低、愈穩定，聽起來就很恐怖。如果一直這樣下去，黑洞最後會不會把宇宙中所有的東西吃光光呢？是有這個可能。不過別太擔心，也許等到人類全都滅亡了，離地球最近的黑洞還在光年之外。而且宇宙還在持續膨脹中，就算全宇宙剩下你和一個黑洞獨處，只要離黑洞夠遠，你還是有機會順著宇宙的膨脹趨勢溜出它的掌握！

6.詳情請參〈I-4 大大小小的時空怪獸：黑洞面面觀〉篇。

7.所以黑洞的比熱是負值。

8.量子效應：quantum effect，在比原子更小的微觀尺度下，物質、波、能量等事物所呈現的物理現象或性質。

9.熵：熱力學中用於量度熱能的一種物理量，用以描述整個系統內的溫度變化和分布情況。

4 大大小小的時空怪獸：黑洞面面觀

文／卜宏毅

　　黑洞是一種奇怪的天體，有著讓人好奇又怪異的時空特性。如果我們在很靠近黑洞的地方背對著黑洞用手電筒照出一道光，將會驚訝地發現，連光線都會被黑洞的重力彎曲，甚至可能會被黑洞「捕捉」回來！

　　黑洞不像日常生活中可以摸到的任何物體，它的「表面」是一個摸不著，而且又能穿過去的時空結構。我們可以把黑洞表面想像成一個單行道入口，一旦進去就再也無法出來，這個入口稱為**事件視界**。

　　我們對黑洞的主要認識，來自於一個描述時空結構和重力的理論——**廣義相對論** (general relativity)。自從 1916 年起，黑洞的時空結構性質就被廣義相對論所描述且陸續推演，但是直到 1960 年代之後，天文學家慢慢發現某些天體的觀測結果可以用黑洞的特性做出恰當的詮釋，才逐漸接受黑洞是真實存在於宇宙之中的[1]。

---

1. 反觀其他廣義相對論所允許的時空結構，例如白洞、蟲洞（又稱蛀孔）等，至今都沒有被天文學家發現與證實；而人類史上第一張黑洞事件視界尺度的影像則在 2019 年被發表。

黑洞的特異之處

當大量物質被天體的重力吸引，會形成一個旋轉的結構，稱為**吸積流** (accretion flow)。分析吸積流所發出的光線特徵，可以辨識出天體的身分。除此之外，吸積流的部分物質也有可能在掉落到天體前被向外甩出，形成**噴流** (jet)。瞭解吸積流和噴流的物理機制是天文學中重要且有趣的研究主題，目前理論上認為磁場在這兩個構造中都扮演著重要的角色。那麼相較於其他天體，黑洞有什麼特別且可以被辨識的性質和特徵呢？

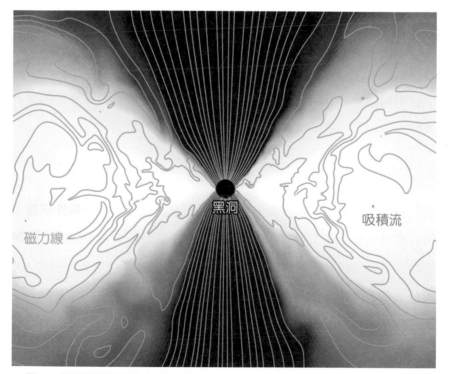

▲圖 1　電腦模擬黑洞吸積流的其中一種可能類型。在黑洞（中央黑色圓圈）－吸積流（橘白色區域）的系統中，沿著黑洞旋轉軸方向（在圖中為垂直方向）的物質分布較少，且磁力線（綠色線條）呈規律狀。黑洞噴流有可能在此區域產生。（Credits：卜宏毅）

⑴黑洞吸積流能釋放出大量的輻射能量。

　　相對於其他同樣質量的天體，黑洞顯得特別緻密。以一個與太陽質量相當的黑洞為例，其事件視界半徑大小約只有 3 公里，大約是太陽半徑的十萬分之一！換句話說，比較相同質量的黑洞與其他種類的天體，前者的半徑遠小於後者的半徑，也因此讓黑洞吸積流物質接近黑洞的過程更加漫長。愈靠近黑洞，吸積流繞行黑洞的速度愈快，溫度愈高，並因釋放出輻射能量而更加明亮。高溫吸積流產生的 X 射線讓黑洞在 X 射線波段呈現的天空變得特別顯眼[2]。

⑵黑洞噴流[3]能夠被加速到接近光速。

　　理論上，吸積物質在掉入黑洞前，有機會沿著約和吸積流方向垂直的開放磁力線向外運動，形成上下兩束噴流而逃離黑洞。藉由磁場的幫助，噴流的速度能逐漸增加到接近光速。觀察者所觀測到的噴流型態則與觀察者方向以及噴流方向的夾角有關。這些宏偉壯觀的黑洞噴流結構能將吸積黑洞系統的能量與角動量向外傳播。

超大黑洞！發揮超大影響力

　　天文學家發現宇宙中有大大小小的黑洞。根據質量來分類，黑洞的質量可以是太陽質量的數倍到數十億倍。幾乎所有星系的中心區域都存在著一個**超大質量黑洞**[4]。我們所在的銀河系中心也有一個約 400 萬倍太陽質量的大黑洞，並影響著銀河系中心附近恆星的運動。

2.X 射線無法被肉眼直接觀測到。詳情請參〈IV-7 化不可能的觀測為可能：X 光望遠鏡〉篇。

3.根據目前的天文觀測結果，只有少數的黑洞系統具有噴流。

4.超大質量黑洞：supermassive black hole，質量約為太陽的數百萬～數十億倍；一個數十億倍太陽質量的黑洞，其事件視界大小約為太陽系的大小。詳情請參〈V-9 宇宙大胃王的身世之謎：超大質量黑洞〉篇。

超大質量黑洞在結構上可看成是**恆星質量級黑洞**[5] 的放大版，天文學家所觀測到的恆星質量級黑洞通常與另一個伴星互相繞行，藉由伴星提供吸積流的物質來源。居住在星系中心的超大質量黑洞，其吸積流的物質來源則可能是周圍受黑洞重力影響而逐漸掉落的氣體，或是被扯碎的恆星。

黑洞需要有源源不絕的吸積物質，才會在其周圍形成吸積流與噴流，並且足夠明亮而得以被觀測到。例如當超大質量黑洞有足夠的吸積物質「餵食」時，經由吸積結構所釋放的輻射，會讓它所居住的星系中心特別明亮，形成**活躍星系核**[6]。黑洞加上其周圍的吸積流就像是一個極有效率的能量產生器，而愈大的黑洞就像是一座愈大型的輻射工廠。也因為這樣，有些超大質量黑洞即使離地球很遠，也因為足夠明亮而可以被觀測到，稱作**類星體**。當超大質量黑洞沒有足夠的吸積物質餵食時，黑洞就顯得死氣沉沉不再明亮，像是進入「冬眠」的狀態。根據宇宙不同時期表現活躍的類星體數量，也顯示出黑洞吸積的歷史與當時宇宙中星系的狀態。

近來天文學家也發現，超大質量黑洞藉由吸積流或是噴流，能與黑洞所居住的星系（甚至星系團[7]）相互影響，使黑洞的特性和其所居住星系的特性產生關聯。因為如此，黑洞的存在讓宇宙風景更加精彩有趣！

---

5. 恆星質量級黑洞：stellar-mass black hole，質量約為太陽的數十倍；事件視界大小約等同臺北到新竹的距離。詳情請參〈II-5 星星電力公司：恆星演化與內部的核融合反應〉篇。

6. 活躍星系核：active galactic nuclei，簡稱 AGN。詳情請參〈V-8 內在強悍的閃亮暴走族：活躍星系〉篇。

7. 詳情請參〈I-7 宇宙中的巨無霸部落：星系團〉篇。

▲圖 2　活躍星系 Hercules A 與它的噴流。噴流源自位在星系中心（圖片
　　中央）的超大質量黑洞，卻能蔓延到比星系還要大的尺度！這張圖片是
　　由不同頻率的電磁波觀測疊加而成：X 射線觀測結果以紫色呈現；無線
　　電波觀測結果以藍色呈現 ； 大部分可見光觀測結果則用白色呈現 。
(Credits: X-ray: NASA/CXC/SAO, optical: NASA/STScI, radio: NSF/NRAO/VLA)

　　除了上述的黑洞雙星以及超大質量黑洞之外，還有許多天文學家
觀測到的劇烈事件也被認為和黑洞相關。例如：當恆星塌縮形成黑洞
時，所釋放的高能量是產生**伽瑪射線爆** (gamma-ray burst) 的其中一種
可能。幾乎每天都有一次伽瑪射線爆被觀測到，但每次事件發生的方
向和距離沒有特定。平均伽瑪射線爆的時間長度約為 30 秒。

　　此外，黑洞也可能互繞形成**雙黑洞系統**。雙黑洞周圍的動態時空
變化可以有效地產生重力波[8]。當雙黑洞因為重力波帶走系統能量而

---

8. 重力波：gravitational wave，根據廣義相對論，當具有質量的物體互繞時，能讓
　　時空「變形」並把系統的部分能量帶走，就有如將石頭扔進水裡時出現往外傳
　　播的漣漪。人類首次探測到由雙黑洞系統產生的重力波訊號發表於 2016 年。
　　重力波也能由黑洞與中子星互繞 ， 或是中子星與中子星互繞的系統有效地產

▲圖 3　錢卓 (Chandra) X 光觀測衛星對大熊座附近的天空觀測 23 天後的影像 (Chandra Deep Field-North) 。 此區天空的大小約稍大於滿月時月亮所占天空面積的一半。圖中所見約有 500 多個天體，大多都是位在非常遙遠星系中心的超大質量黑洞。(Credits: NASA/ESA/CXC/Penn State/D. M. Alexander, F. E. Bauer, W. N. Brandt et al.)

繞行得愈來愈近，最終碰撞並合而為一時，就是整段過程中最大能量釋放的瞬間。根據觀測到的重力波特性，天文學家可以分別推測合併前與合併後的黑洞特性；重力波觀測也訴說著關於黑洞如何能夠透過合併的方式而「逐漸長大」的精彩故事。

生。這兩種系統在碰撞發生時也會產生文中提到（但時間長度較短）的伽瑪射線爆。關於中子星的介紹，請參〈I–6 來自星際深處的閃光密碼：中子星〉篇。

　　除了廣義相對論之外，我們對黑洞的瞭解還有賴另一個理論的幫助——量子力學。物理學家霍金發現，如果考慮量子效應，每個黑洞其實都能發出輻射並具有溫度的特性，而此輻射後來被稱為**霍金輻射**(Hawking radiation)。但是愈大的黑洞，本身的溫度愈低，霍金輻射的效應也愈不明顯。對超大質量黑洞以及恆星級質量的黑洞而言，霍金輻射的效應太小，因此無法被觀測或驗證。

　　然而，非常早期的宇宙密度擾動可能造成局部質量直接塌縮，形成**太初黑洞** (primordial black hole)。這類黑洞的質量範圍不確定，因此有可能產生質量遠比恆星還小的黑洞。這些小黑洞如果真的存在，也許能經由上述的霍金輻射產生可被觀測到的效應，然而目前天文學家還沒有發現足夠的證據來證實這個臆測。

5 來自星星的我們：
超新星爆炸

文／潘國全

「落紅不是無情物，化作春泥更護花。」

—— 龔自珍，《己亥雜詩》

　　新星 (nova) 一詞在拉丁語中代表「新」的意思，也就是天空中突然出現新的星星；古中國則稱之為「客星」，因為一段時間（幾天至幾週）過後這顆星就會慢慢消失不見。超新星 (supernova)，顧名思義就是其內在的亮度遠高於新星，也來自不同的物理機制。

　　在古代，不管是東方還是西方，許多國家在歷史上都有多次超新星的觀測紀錄。其中最早的觀測記錄來自中國《後漢書》在西元 2 世紀時對南門客星的紀錄，目前猜測當時觀測到的超新星就是南門二附近疑似超新星殘骸的 SN 185。最亮的超新星則是西元 1006 年在許多國家都有觀測到的超新星 SN 1006，文獻中甚至描述超新星的光芒可以讓物體在夜晚也投射出影子。

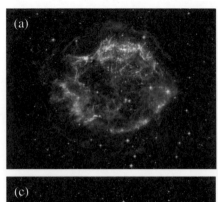

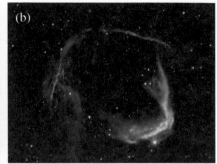

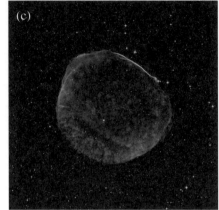

▲圖 1　超新星爆炸的殘骸：(a)仙后座 A；(b) SN 185；(c) SN 1006。
(Credits: (a) NASA/JPL-Caltech; (b) X-ray: NASA/CXC/SAO/ESA, Infared: NASA/JPL-Caltech/B. Williams (NCSU); (c) radio: NRAO/AUI/NSF/GBT/VLA/Dyer, Maddalena & Cornwell, X-ray: Chandra X-ray Observatory/NASA/CXC/Rutgers/G. Cassam-Chenaï, J. Hughes et al., visible light: 0.9-metre Curtis Schmidt optical telescope/NOAO/AURA/NSF/CTIO/Middlebury College/F. Winkler & Digitized Sky Survey)

　　每個星系平均每 100 年都會發生一次以上的超新星爆炸。隨著觀測技術愈來愈精良，加上超新星本來就非常明亮，因此每年都可以觀測到非常多的超新星，其中也包括距離我們非常遠的超新星，有些甚至遠在幾十億光年之外。藉由比較不同超新星之間的光譜，天文學家可以仔細觀察出每顆超新星的相似之處和相異之處。

超新星的分類

　　西元 1941 年，美國天文學家閔可夫斯基 (Rudolph Minkowski) 與德國天文學家巴德 (Walter Baade) 共同研究超新星，將超新星的光譜

依照有無氫的譜線分為 I 型和 II 型的超新星。西元 1965 年，瑞士天文學家茲威基 (Fritz Zwicky) 更進一步依據超新星光譜的其他特性，將超新星分成五大類型。但在瞭解更多超新星的形成機制後，天文學家發現這樣分類其實有些累贅，因為有些超新星的爆炸機制非常相近，只是環境略有不同。現代天文學主要將超新星分為 I 型 (type I supernova) 和 II 型超新星 (type II supernova)，而兩者皆可依據有無特殊譜線或是亮度曲線的變化，再細分為 Ia、Ib、Ic 與 IIP、IIL 等類型。

　　如圖 2 所示，超新星除了可依光譜的類型進行分類，也可依爆炸的物理機制分為兩類：**熱核超新星** (thermonuclear supernova) 和**核心坍縮超新星** (core-collapse supernova)。這兩種超新星散發的能量數量級差不多[1]，但卻有完全不同的爆炸機制。熱核超新星皆為 Ia 型的超新星，沒有氫，但光譜中有明顯的矽吸收譜線，其爆炸來自不穩定的**碳氧白矮星** (carbon-oxygen white dwarf)；其餘光譜類型的超新星爆炸則是大質量恆星（> 8 倍太陽質量）在演化末期核心坍縮所引發的，故

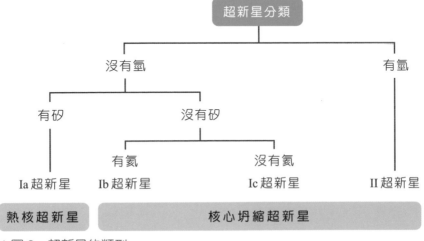

▲圖 2　超新星的類型

---

1. 約為 10^{44} 焦耳，或稱作 1 貝特，紀念物理學家貝特。

稱為核心坍縮超新星[2]，至於屬於 I 型或 II 型則視恆星演化時是否失去外層的氫[3]而定。

熱核超新星

低質量恆星（< 8 倍太陽質量）在演化末期時，會形成行星狀星雲，並在內部留下一顆簡併[4]的白矮星。白矮星依質量不同可分為**氦白矮星** (helium white dwarf)、**碳氧白矮星**或**氧氖鎂白矮星** (oxygen-neon-magnesium white dwarf)。單一白矮星是非常穩定的，只會慢慢冷卻，但如果有一個碳氧白矮星處在雙星系統[5]之中，這個白矮星就有機會與其伴星交換物質，並使其質量達到電子簡併的壓力上限，從而變成熱核超新星。此質量上限約為 1.4 倍太陽質量，也稱作**錢卓塞卡極限** (Chandrasekhar limit)。

因為熱核超新星爆炸時，白矮星的質量都差不多是 1.4 倍太陽質量，因此爆炸時所產生的能量非常相近。美國天文學家飛利浦 (Mark M. Phillips) 發現 Ia 型超新星（熱核超新星）光譜的最大亮度與之後的亮度演化有一定的關係，稱作**飛利浦關係** (Phillips relationship)。有了飛利浦關係，只要觀測超新星的亮度變化，就可以反推其最大亮度。這個重大發現讓天文學家可以用反推得到的絕對星等[6]和觀測得到的視星等來推算超新星和我們的距離。這個方式就像我們已知一根蠟燭在眼前時有多亮，當蠟燭被移到比較遠的位置時，可以用變暗的燭光

---

2. 詳情請參〈II-5 星星電力公司：恆星演化與內部的核融合反應〉篇。

3. 可能被恆星風吹走，或是被伴星吸收。

4. 簡併：將兩個或多個較精細的物理狀態視為同一種粗略的物理狀態。

5. 詳情請參〈V-6 生死與共的夥伴：雙星〉篇。

6. 絕對星等：假設天體距離我們 10 秒差距時的視星等。

推斷出蠟燭和我們之間的距離，因為亮度與距離平方成反比。超新星非常亮，就好比是夜空中的一盞蠟燭，所以可以靠觀測 Ia 型超新星來估計遙遠星系的距離。隨著愈來愈多的星系距離被估算出來，更讓宇宙學家進一步發現：我們的宇宙正在加速膨脹[7]！而這個發現也獲頒了 2011 年的諾貝爾物理獎。

然而飛利浦關係的運用也有其缺陷：每個 Ia 型超新星其實還是略有不同，甚至有部分 Ia 型超新星根本不遵守飛利浦關係。此外，天文學家在探討宇宙早期的情況時，是以假設當時的超新星都滿足一樣的飛利浦關係作為前提，因此若要準確地將此關係運用到宇宙學，我們還是必須要先瞭解 Ia 型超新星內部本質的變化。

前文提到熱核超新星是白矮星在雙星系統中爆炸後的產物，然而一連串的問題隨後有如雨後春筍般冒出，如：白矮星的伴星是什麼？不同的伴星是否可以解釋飛利浦關係的差異？白矮星爆炸時，其質量是否可以大於或小於錢卓塞卡極限？天文學家試圖建立模型來解決這些問題，目前主流的模型有兩種：第一種是**單簡併模型** (single degenerate scenario)，第二種則是**雙簡併模型** (double degenerate scenario)，以下分別作簡單的介紹。

⑴**單簡併模型：**

理論上認為白矮星的伴星是一顆非簡併的恆星，可能是一顆主序星、次巨星或紅巨星。在這個系統中，如果雙星之間的距離適當，白矮星可以穩定地吸積伴星的物質來累積自己的質量，最終達到錢卓塞卡極限並爆炸。單簡併模型的優點在於因為是慢慢吸積，所以爆炸時的質量都很接近錢卓塞卡極限，可以簡單地解釋飛利浦關係，而且核合成的元素比例也接近觀測的比例。但單簡併模型並非毫無缺陷，因

7.詳情請參〈II-2 祕密追蹤行動：宇宙要往哪裡去？〉篇。

為大部分的非簡併恆星都含有氫，可是 Ia 型超新星在定義上是沒有氫的，要怎麼隱藏這些氫是一大問題。而且目前的理論模擬顯示，單簡併模型中的伴星其實在爆炸後仍然可以存活，但這些理論上可存活的伴星目前尚未被實際觀測到。

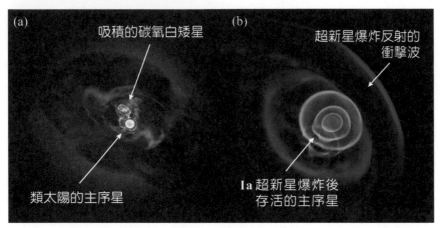

▲圖 3　超級電腦模擬單簡併模型造成的熱核超新星：(a)爆炸前白矮星吸積伴星的質量；(b)熱核超新星爆炸後對其伴星的衝擊。（Credits：潘國全）

⑵雙簡併模型：

　　在雙簡併模型中，白矮星的伴星也是一顆白矮星。兩顆白矮星互相繞行，靠散發重力波損失其角動量，最終使兩顆白矮星相撞而形成熱核超新星。這個模型可以簡單地解釋為什麼 Ia 型超新星沒有氫，但麻煩的是這樣的系統有多少？夠不夠解釋觀測數據中的 Ia 型超新星發生頻率？目前的研究顯示，大部分的雙白矮星系統只有約十分之一超過錢卓塞卡極限。這意味著除非低於錢卓塞卡極限的雙白矮星也有機會成為熱核超新星，不然雙簡併模型無法完整解釋熱核超新星。

　　目前單簡併和雙簡併模型都存在的說法是天文學界的主流，只是哪個模型所形成的熱核超新星比較多？兩個模型存在的比率為何？這些謎底仍尚未被揭露。

核心坍縮超新星

大質量恆星在演化末期會形成洋蔥狀的結構，最內部是一個鐵核[8]。如同白矮星，這個鐵核也是靠電子簡併的壓力維持的，因此也受限於錢卓塞卡極限；不同的是，因為鐵核的電子比率比碳氧或矽還低，因此鐵核的錢卓塞卡極限比白矮星的還低。再加上鐵核的密度非常高，其間的電子有機會與質子結合變成中子，並釋放出微中子，使其電子比率下降，加速降低錢卓塞卡極限，最終因電子簡併的壓力無法抵擋重力而使核心坍縮，直到內部達到核子密度，讓物質再反彈，形成往外的衝擊波。

早期天文學家曾經認為，這樣的衝擊波就足以摧毀整個星球而成為超新星，但後來發現其實要爆炸沒那麼容易，因為當衝擊波要穿透外圍的鐵時，需要消耗巨大的能量來分離鐵，會使衝擊波失速；再加上前文描述過，內部的自由電子可能與質子（或正電子與中子）結合並產生微中子（反微中子），也會帶走能量，使衝擊波更容易失速。

西元 1966 年，美國物理學家高露潔 (Stirling A. Colgate) 與懷特 (Richard H. White) 則提出**微中子**[9]**促成機制** (neutrino driven mechanism)：恆星坍縮過程中所釋放出的大量微中子，只要有一小部分微中子的能量能被物質吸收就可以促使星球爆炸。一般來說，在低密度的情況下，微中子與物質幾乎不會發生交互作用；但是當密度提高，微中子就有機會再被物質吸收並把能量傳回物質，使星球爆炸。微中子促成機制是目前公認造成核心坍縮超新星的主要機制。另外，衝擊波所引發的亂流、磁場變化、星球旋轉等都有機會幫助超新星爆

---

8. 詳情請參〈II-5 星星電力公司：恆星演化與內部的核融合反應〉篇。

9. 詳情請參〈IV-9 緝拿通行無阻的穿透者：微中子與微中子望遠鏡〉篇。

600公里

▲圖 4　超級電腦模擬的核心坍縮超新星爆炸，黃色的區域代表該處的熵值。（Credits：潘國全）

炸。如圖 4，透過超級電腦模擬微中子輻射轉移促成的超新星爆炸，顯示出複雜的亂流現象。

核心坍縮超新星依其質量與內部密度分布爆炸後，會遺留下一顆中子星或黑洞。另外一種特別的超新星介於熱核超新星與核心坍縮超新星之間，稱為**不穩定對超新星**(pair-instability supernova)。不穩定對超新星是在大質量（介於約130～250 倍太陽質量之間）但低金屬量的恆星演化末期形成的。在此期間因產生自由電子與正電子的不穩定使其坍縮，造成完全的熱核爆炸，內部不會留下黑洞或中子星。理論上這類超新星只會發生在宇宙早期的第一代恆星演化過程，而且目前也還沒有被實際觀測到。

結語

宇宙大霹靂合成的元素從氫到鋰，星球演化再使之進一步合成至鐵。而所有比鐵還重的元素都來自於超新星爆炸的核合成，或是在類似的高能量反應（譬如說兩顆中子星相撞）中形成的。超新星爆炸後所留下的殘骸更是下一代恆星起源所需的雲氣，我們的太陽就是第二代（或更之後的世代）的恆星。地球上所蘊藏的重金屬、飛機中使用的鈦、貨幣中使用的鎳，甚至是人體內所含有的鋅、鈷等元素都來自於星星和超新星爆炸。如果沒有超新星，可能就沒有現在的這些文明，沒有手機，沒有電腦，甚至連智慧生命都無法成形。因此就某種程度來說，我們都來自超新星——所有生命都是星空之子。

6 來自星際深處的閃光密碼：
中子星

文／張祥光

　　愛因斯坦 (Albert Einstein) 在 1915 年發表了廣義相對論，用時空結構來描述重力的作用。廣義相對論也預測了重力波的存在，但是直到 100 年後，重力波才被 LIGO（美國建造的雷射干涉重力波觀測天文臺）和 VIRGO（義大利和法國建造的重力波觀測天文臺）團隊偵測到。2017 年，眾所矚目的諾貝爾物理獎頒給美國麻省理工學院的魏斯 (Rainer Weiss) 以及加州理工學院的巴利許 (Barry C. Barish) 和索恩 (Kip S. Thorne)，以表揚他們對於 LIGO/VIRGO 團隊偵測到重力波的重大貢獻。

　　就在同年 10 月初，瑞典皇家學院諾貝爾獎委員會公告這個消息之後過了兩週，LIGO/VIRGO 團隊又宣布偵測到另一個重力波事件。這次事件有別於過去，也被許多地面上以及太空中的天文望遠鏡在無線電波、紅外線、可見光、紫外線、X 射線以及伽瑪射線等不同的電磁波波段中觀測到。種種跡象都顯示，這是由兩個中子星合併爆炸所造成的短伽瑪射線爆事件。這樣一來，除了證明這次重力波事件的真實

性之外，也解答了困惑天文學界已久的短伽瑪射線爆成因——它的確是由兩個中子星合併爆炸所造成的。

先撇開伽瑪射線爆不談，中子星是什麼？

原子由電子與中心的原子核組成，而原子核裡則是質子與中子。「中子星」的想法最早在 1931 年由俄國的物理學家藍道 (Lev D. Landau) 提出。它是一個緻密星體，主要由中子組成，因為密度和原子核一樣或更大，整個星球內縮的重力被極高密度的大量中子產生的**簡併壓力**所平衡，因此得以維持穩定的星球結構。簡併壓力是量子物理中的概念，而量子物理與狹義相對論是近代物理的兩大支柱，在 20 世紀初的 30 年間非常快速地發展起來。被稱為**費米子**[1]的粒子在密度很大的時候速度極快，高速衝撞造成很大的壓力，這就是所謂的簡併壓力。

一般恆星（例如太陽以及夜空中的滿天星斗，行星除外）則是靠物質熱運動[2]造成的壓力與重力平衡來維持穩定的結構。1933 年，同在美國加州威爾遜山天文臺 (Mount Wilson Observatory) 工作的德國天文學家巴德 (Walter Baade) 以及瑞士天文學家茲威基 (Fritz Zwicky) 也提出類似的想法，創造了**中子星**這個名稱，並指出大質量恆星演化末期，經過超新星爆炸後可能會製造出一個中子星。

中子星的外貌與內在

這樣的緻密星體假如質量與太陽類似，半徑就只有 10 公里左右，相當於把整個太陽壓縮到臺北盆地裡。太陽的質量大約是地球的 30 萬

---

1. 中子與電子都是費米子。詳情請參〈I-3 黑色恐怖來襲！吃不飽的黑洞〉篇。
2. 物質熱運動：構成物質的分子、原子等微觀粒子所進行的不規則運動。

倍，而星球表面的重力強度與質量成正比、與半徑平方成反比，因此一小匙 10 毫升的水在地球表面約 10 公克重，但是在中子星表面會變成約 100 萬公噸重！那的確是個很難想像的世界。

　　中子星剛形成的時候溫度很高，即使經過幾十萬年的冷卻，表面可能都還有百萬度的高溫。一般的理論模型計算結果指出：在中子星內部密度極高的狀態下，原子核的界線已不存在，物質是以中子的形式存在的。而這些中子物質（摻雜少量的質子與電子）很可能具有完全缺乏黏性（超流），而且電阻為零（超導）的特性。在表層一點的地方，密度相對不高，鐵元素的原子核還能以緻密的晶格形式存在，形成薄薄的一層中子星殼；更表面的地方可能會有其他元素，主要是氫與氦。在中子星內部的核心處，密度已經比個別的中子還大，憑藉我們目前的物理知識，對這樣的物質狀態還不清楚，很可能連中子的界線也不存在了，物質是以夸克[3]的形式出現，所以或許中子星也可以被稱為「夸克星」呢！

宇宙間真的存在這麼神奇的緻密星體嗎？它們是怎麼被發現的呢？

　　西元 1054 年 7 月 4 日清晨，在北宋京城開封的東方天空出現一顆極亮的星星，它就像太白金星一樣亮，日出後仍然看得見，而且這樣的亮度維持了 23 天。約莫 700 年後，在歐洲有一團瀰散的星雲在相同位置被觀測到，因為形狀的關係，天文學家稱之為**蟹狀星雲** (Crab Nebula)。1774 年，它被收錄到有名的**梅西爾星表** (Messier Catalog) 中，而且排序在第一個，因此簡稱 M1。1968 年，一個無線電波霎[4]

---

3. 夸克：quark，組成質子、中子等的基本粒子。

4. 波霎：pulsar，也稱為脈衝星。

▲圖 1　歐洲南天天文臺八米望遠鏡所拍攝的蟹狀星雲。這張照片視野大小約為月球直徑的四分之一。
(Credits: ESO)

在蟹狀星雲裡被發現，天文學家相信那就是自從 1930 年代以來，大家尋找了 30 多年的中子星。

第一個無線電波霎是在 1967 年 11 月 28 日被發現的。當時英國劍橋大學的研究生貝爾 (Jocelyn Bell) 和她的指導教授赫維許 (Antony Hewish) 正在研究無線電波穿越星際介質時發生的閃爍現象，無意間發現從天上的某個位置傳來規律、有週期性的無線電訊號。之後他們又陸續在天上不同的位置發現幾個類似的無線電波源，各自有其固定的週期，例如第一個無線電波霎的週期是 1.33 秒。那麼這些規律、有週期性的無線電訊號是誰傳來的呢？難道是外星人嗎？儘管當時有許多人這樣相信，貝爾和赫維許卻不認為這些訊號來自外星人，因為整體而言，它們更像來自某種新發現的天體。雖然如此，他們最初仍以 LGM (Little Green Man) 加上編號來稱呼他們發現的無線電波源，赫維許也因為發現波霎而在 1974 年獲得諾貝爾物理獎。

同樣發生在 1967 年，就在發現無線電波霎前不久，當時在美國康乃爾大學做博士後研究的義大利天文學家帕西尼 (Franco Pacini) 剛發表一篇論文，指出一個快速旋轉且帶有強磁場的中子星會釋放出很大的能量。次年，康乃爾大學的哥德 (Thomas Gold) 也提出類似的模型，指出中子星的旋轉就像燈塔一樣，會讓我們看到週期性的訊號強弱變化，這正是無線電波霎的本質——原來它們就是中子星，快速旋轉而

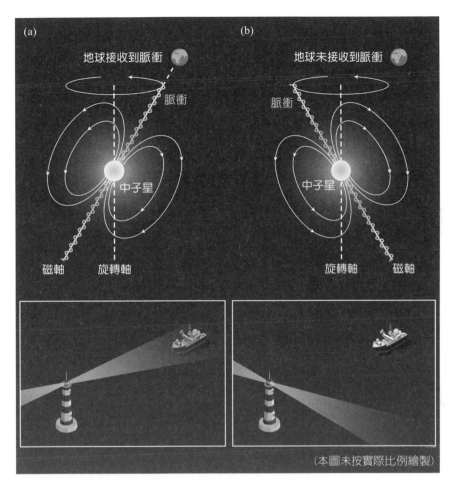

▲圖2　無線電波霎示意圖。快速旋轉且帶有強磁場的中子星在其磁層裡發射出無線電波。一般來說磁軸與自轉軸之間會有個夾角，所以中子星旋轉時就像是燈塔一樣，遠方的觀測者如果處在光束可以掃描到的範圍裡，就會看到週期性的訊號強弱變化。 (Illustration design: macrovector/Freepik)

且帶有強磁場──這個觀點在發現蟹狀星雲中的波霎之後就被廣泛接受了。從發現波霎到現在已經超過半個世紀，雖然波霎的中子星模型大致上解釋得通，但有許多觀測到的關鍵現象仍未被真正瞭解，其中包括波霎無線電輻射的強度、個別脈衝的變化，以及無線電波段之外的高能輻射等。

　　有些波霎是雙星系統的成員。第一個波霎雙星系統（編號 PSR B1913+16），是美國的赫爾斯 (Russell Hulse) 和他的指導教授泰勒 (Joseph Taylor) 於 1974 年發現的。他們同時也觀測到這個系統的雙星互繞軌道週期逐漸變短，完全符合愛因斯坦的廣義相對論對於雙星互繞會釋放出重力波的預測，間接證實了重力波的存在。因為這個發現，赫爾斯和泰勒也在 1993 年獲得諾貝爾物理獎。

中子星的不同面貌

　　除了無線電波霎之外，中子星也以許多不同的面貌出現。1960 年代，美國航太總署為了登陸月球，做了很多的研究，其中一項是要瞭解月球的 X 射線有多強。1962 年，出生於義大利的賈柯尼 (Riccardo Giacconi) 領導他的團隊製作出一個 X 射線偵測器，放在探空火箭上，飛到 200 多公里的高空測量月球的 X 射線。結果他們沒有測到月球的 X 射線，反而在天蠍座的方向意外發現一個很強的 X 射線源，這是太陽系之外第一個被發現的 X 射線源，天文學家稱它為**天蠍座 X-1** (Scorpius X-1)。其實賈柯尼在 1961 年就做過一次相同的嘗試，但那次任務因為探空火箭沒能順利打開艙門而宣告失敗。由此可見，永不放棄的確是成功的要件。

　　至於天蠍座 X-1 的 X 射線是怎麼來的呢？經過許多觀測與理論的探討，天文學家發現天蠍座 X-1 是一個有中子星的雙星系統，伴星的物質被緻密的中子星吸引而流向中子星，在過程中環繞中子星四周，形成一個盤狀結構[5]，愈靠近中子星的部分溫度愈高，因此發出以 X 射線為主的熱輻射。後來有許多類似的 X 射線雙星陸陸續續被發現，

5.天文學家稱之為吸積盤。

其中有的包含中子星，有的包含黑洞[6]。賈柯尼也因為開啟 X 射線天文學的發展，在 2002 年獲得諾貝爾物理獎。

中子星除了表面重力很強之外，表面磁場也很強，大約是一兆高斯 (gauss) 的等級。地球表面的磁場強度約略是半個高斯，而太陽表面大概是一個高斯左右，太陽黑子區域的磁場雖然較強，但也只有 1,000 高斯而已。不過，1979 年 3 月 5 日首次被發現的**軟伽瑪射線**

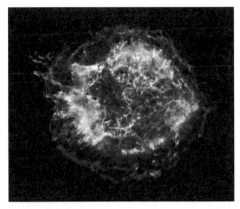

▲圖 3　仙后座 A（Cassiopeia A，簡稱 Cas A）的 X 光照片。仙后座 A 是一個超新星殘骸，最中央的白色亮點是一顆中子星。這張照片是錢卓 X 光觀測衛星所拍攝，照片視野大小約為月球直徑的三分之一，其中紅綠藍三色分別代表較低能量到較高能量的 X 射線。(Credits: NASA/CXC/SAO)

重複源（soft gamma repeater，簡稱 SGR）以及後來發現的**異常 X 射線波霎**（anomalous X-ray pulsar，簡稱 AXP）則被認為是具有更強磁場的中子星，大約是 1,000 兆高斯的等級，這樣的中子星被稱為**磁緻星** (magnetar)。

在觀測上，中子星有許多不同的面貌，也有一些並非波霎而單獨存在的中子星，它們有些還在超新星殘骸中，有些則是在星際空間中完全孤立。中子星是大質量恆星演化到末期，經過超新星爆炸後留下的產物，它們高密度、強重力與強磁場的極端環境為我們提供了一個驗證人類物理知識的絕佳實驗室。

6.詳情請參〈V-7 能量爆棚！奇特的 X 光雙星〉篇。

7 宇宙中的巨無霸部落： 星系團

文／林彥廷

　　星系團是眾多星系形成的大集團，是宇宙中經歷重力塌縮的系統之中最巨大的。從觀測的角度來說，星系團的質量至少約為 10^{14} 倍的太陽質量。星系團內包含成千上百個星系，以及會發出 X 光的高熱氣體，此種氣體名為**星系團中介質** (intracluster medium)，質量約 10^{13} 倍太陽質量。不過，星系團中至少有八成的質量是由暗物質[1]所貢獻，因此星系團是研究暗物質性質的絕佳目標，也是瞭解星系在緻密環境下如何演化的理想實驗室。以下將針對星系團的組成與物理性質、探測方法以及星系團研究的重要性，分別作簡要介紹。

星系團的組成與物理性質

　　依據目前的宇宙學標準模型[2]，所有的星系都是在暗物質所構成的暈中形成，小至矮星系，大至星系團皆如此。由於暗物質支配了星

---

1. 詳情請參〈II-9 遮掩天文學發展的兩朵烏雲：暗物質與暗能量〉篇。
2. 冷暗物質模型，「冷」代表暗物質的速度遠低於光速；「暗」代表不參與電磁交互作用。

▲圖 1　星系團 ACT-CL J0102-4915 是目前已知最龐大的天體之一，有個西班牙文的暱稱 "El Gordo"，中文意指為「胖子」。中間的藍色區域是星系團中的 X 光熱氣聚集處。(Credits: ESO/SOAR/NASA)

系團的質量，因此星系團的一些基本統計性質，如它們的質量函數 (mass function)、空間中的分布、隨時間的演化等，都取決於暗物質的性質，以及暗物質在宇宙總質能密度中所占的比例。

　　占星系團中質量比重第二位的是星系團中介質。這些氣體會在墜入星系團的過程中被加熱到 1,000 萬度以上，透過制動輻射[3] 發出強烈的 X 光。另外，星系團中介質的高熱電子會跟宇宙微波背景輻射[4] 進行逆康普頓散射[5]，也就是電子的動能會轉換為光子的能量，因而稍

3. 制動輻射：bremsstrahlung，又稱為剎車輻射，廣義上泛指所有帶電粒子因速度改變而發出的輻射。

4. 詳情請參〈III-4 早期宇宙的目擊證人：宇宙微波背景〉篇。

微扭曲微波背景原本的黑體輻射能量頻譜，這就是所謂的**蘇尼亞耶夫・澤爾多維奇**（Sunyaev-Zel'dovich，簡稱 SZ）**效應**。

星系團中的星系，它們的總質量僅占星系團質量的 5% 左右，在星系團的動力學或演化上幾乎無足輕重。但星系團中的星系顏色大多呈紅色[6]，型態以橢圓星系為主，這跟在宇宙普通環境中的星系構成相當不同[7]。因此，瞭解星系團中的星系構成為何跟普通環境中的星系相差這麼多，便是一項重要的課題。

依據目前的瞭解，宇宙中的結構是由下而上演化形成的：意即小質量的暗暈會先出現，接著再相互合併，產生更大的暗暈。要形成如星系團這麼大的結構，勢必要經歷漫長的時間，在宇宙演化的過程中算是相當晚期才出現的現象。星系團約在距今 80～100 億年前開始成長，時至今日，已經進入完全成熟的時期。

如何探測星系團？

⑴透過重力透鏡效應[8]：偵測巨大質量密集分布之處。

首先，我們知道星系團是非常巨大的暗暈，因此可以透過重力透鏡效應，偵測巨大質量密集分布之處，該處便應是星系團的所在。不

---

5. 康普頓散射是 X 射線或伽瑪射線的光子跟物質發生交互作用後，失去能量導致波長變長的現象；反之，若低能光子從高溫物質或高能粒子獲得能量導致波長變短則為逆康普頓散射。

6. 天文學家稱之為紅星系序列 (red sequence)。

7. 在星系群（通常指質量在 10^{13}～10^{14} 倍太陽質量的暗暈）中，橢圓星系的比例下降，到了非星系團也非星系群的「普通」環境（也就是所屬暗暈都屬 10^{13} 倍太陽質量以下的小系統）中，則以漩渦星系為主。

8. 重力透鏡效應：gravitational lensing。詳情請參〈IV-6 上帝的望遠鏡：重力透鏡〉篇。

過若將不相關的大尺度結構質量一起疊加計算，也有可能得到相當於星系團等級質量的計算結果，造成視線上的誤判。因此這個方法雖然能夠偵測到在不同動力狀態 (dynamical state) 下的星系團，但也可能會出錯，誤把不相關的結構視為星系團。昂望遠鏡 (Subaru Telescope) 的「主焦點超廣角相機巡天計畫」即是首次大規模以重力透鏡效應偵測星系團的觀測計畫，臺灣亦參與其中。

▲圖 2　位在美國夏威夷的昂望遠鏡 (Credits: R. Linsdell)

⑵利用 X 光來偵測星系團。

　　深太空中的 X 光源，除了緻密星體、活躍星系核之外，便是星系團。由於星系團中介質會發出強烈的 X 光，所以利用偵測 X 光來辨識星系團並進行研究與分析，成為一種有效率的偵測方式。但用 X 光偵測的缺點是它的輻射通量 (flux) 會隨紅移量[9]增加而急劇下降，增加觀測的難度。

---

9. 詳情請參〈IV-5 遠近有譜：都卜勒效應和宇宙紅移〉篇。

另外，X 光衛星的觀測時間相當寶貴，因而可以說 X 光探測是比較昂貴的方式。1990 年代的侖琴衛星（Röntgensatellit，簡稱 ROSAT）進行了大規模的巡天觀測，許多研究團隊都利用這份資料發表星系團的目錄。2019 年德國與俄羅斯合作發射的 eROSITA 衛星，將會進行極深的全天觀測，預期將會產生非常完整的星系團樣本。

⑶透過 SZ 效應來偵測星系團。

SZ 效應也是偵測星系團的有效方法之一。因為 SZ 效應的訊號不受紅移影響，只要星系團的質量夠大、有足夠的星系團中介質，我們便能觀測到 SZ 效應，因此算是最可信賴的偵測方法。2000 年代是 SZ 效應觀測的濫觴，不過要到 2010 年代，南極望遠鏡 （South Pole Telescope，簡稱 SPT）、阿塔卡瑪宇宙學望遠鏡 （Atacama Cosmology Telescope，簡稱 ACT）及普朗克 (Planck) 衛星這三大計畫開始後，達上千筆的星系團樣本才開始產出。

▲圖 3　南極望遠鏡 (Credits: Amble)

⑷最古老的偵測方法：透過星系的叢聚來辨識星系團。

除了上述幾種方式，還可以透過星系的叢聚來辨識、尋找宇宙中的星系團，這是最古老的偵測方法。不過，要到 1950 年代，經由茲威基、阿貝爾 (George O. Abell) 等人的工作，才首度發展出大規模、有系統的星系團目錄。2000 年史隆數位巡天計畫 （Sloan Digital Sky Survey，簡稱 SDSS）開始後，科學家利用紅星系序列產生的星系團樣本（如 maxBCG、redMaPPer 等），大規模地進行星系團的偵測工作。

一般來說，以可見光或近紅外線資料來找星系團，可以找到質量範圍最廣，以及遠到紅移 2 的星系團[10]。但這樣的方法也有美中不足之處，很可能將視線上不相干的星系誤認為是同一個星系團中的成員，找到假的星系團。

研究星系團的重要性

星系團的研究，有助於瞭解許多天文物理現象，且在暗物質、暗能量等宇宙學領域都扮演著相當重要的角色。如前文所述，星系團的質量函數及演化，主要由暗物質在宇宙總質能密度中所占的比例來決定。若我們能準確量測不同紅移星系團在空間中的數量（空間密度），便能估計暗物質的比例以及暗能量的性質（是否隨時間變化）。

在許多大規模的觀測計畫當中，利用星系團來決定宇宙學的參數，是相當重要的一環。此外，暗物質除了跟普通物質透過重力（可能也包含弱作用力）進行交互作用外，暗物質之間可能也有**自我交互作用** (self-interaction)。由於在星系團中心暗物質的密度相當高，我們可以透過星系團中心物質密度分布的量測，來驗證這個假設。

10.紅移量愈大，代表該天體遠離我們的速度愈快，距離我們愈遙遠。紅移 2 約是距今 100 億年前的宇宙。

▲圖 4　距離我們約 40 億光年遠的星系團 Abell 370 (Credits: NASA/ESA/J. Lotz/the HFF Team (STScI))

另外，由於星系團的質量很大，能夠放大並扭曲處於星系團背後的遙遠天體所發出的光，因此它們可以作為宇宙中天然的重力透鏡。若要觀測宇宙最早期的天體，系統性地檢驗被巨大星系團重力放大過的天體便是一種有效率的方式。透過這個方式，天文學家發現了許多紅移 9 以上的早期星系。

至於星系團中的星系組成，為何跟宇宙普通環境裡的星系差別這麼大？目前科學家認為星系團是宇宙初始密度場中高密度的區域，比其他環境中的星系更早開始演化，因此星系團中的星系整體來說比較年老，顏色偏紅。另外，星系團中的高熱介質以及星系團內的強力潮汐力，在在都讓星系團中的星系比宇宙普通環境中的星系更容易失去它們的盤狀結構，並且還會對新星體的形成產生抑制的效果。因此，在星系團中主要以紅色、橢圓星系為主。

8 破除永恆不變的神話：
忽明忽暗的變星

文／饒兆聰

　　在晴朗的夜晚，抬頭望向天空就可以看到滿天恆星。為什麼中國古人把星星稱為恆星呢？那是因為他們認為除了東升西落之外，星星在天上會永遠保持同樣的亮度，所以就稱它們為恆星。無獨有偶，古希臘學者亞里斯多德的宇宙觀也認為鑲在天球上的星星只會隨著天球作規律的圓周運動，是永恆不變的。但這個觀點後來卻因為「變星」的出現而被顛覆了！究竟變星和一般的恆星有什麼不同呢？

變星的發現

　　西元 1006 年，有一顆新星出現在天空上，它的亮度甚至比金星還要亮。到了中世紀，著名的天文學家第谷和克卜勒 (Johannes Kepler) 也分別在 1572 年和 1604 年觀測到兩顆不同的新星[1]。1596 年，天文學家法布里奇烏斯 (David Fabricius) 發現在鯨魚座的o星（芻蒿增二）在亮度上有所變化，這顆恆星有時肉眼可見，有時卻會消失。到了

1.目前已知這 3 顆新星其實是超新星；而新星和超新星在本質上是不同的天體。
　詳情請參〈I-5 來自星星的我們：超新星爆炸〉篇。

1638 年，另一名天文學家霍華德 (Johannes Holwarda) 觀測到這顆星的變化以 11 個月為週期，並把它命名為「米拉星」，意即奇異的星。而這顆星也是近代天文學上第一顆被發現亮度有週期性變化的變星。從此以後，天上的星星不再被認為是永恆不變的。

▲圖 1　紫外線波段拍攝到的米拉星有一條長尾巴。(Credits: NASA)

第二顆被記載的變星是英仙座的大陵五，也稱為「惡魔之星」，由蒙坦雷 (Geminiano Montanari) 在 1667 年提出。 此後就有愈來愈多的變星被發現， 其中值得一提的是由古德利克 (John Goodricke) 在仙王座發現有亮度變化的δ星（造父一），這顆變星就是脈動變星家族內的一大分支——**造父變星**的原型。

▲圖 2　造父一在紅外線波段的影像 (Credits: NASA/JPL-Caltech/Iowa State)

回顧 1850 年， 共有 18 顆變星被記錄；大約 14 年後，變星的數量增加到 100 顆以上；到了 20 世紀初， 變星的數量正式超過 1,000 顆，而且不到 3 年內便翻倍為 2,000 顆以上；直到今天，由美國變星觀測者協會（American Association of Variable Star Observers，簡稱 AAVSO）管理的變星資料庫已經收錄超過 54 萬

顆變星的資料！如此快速成長的數字主要歸功於望遠鏡的發明以及光學探測方法的進步（比如說從感光底片發展為 CCD 相機），天文學家因而能夠找到更多更暗的變星。無論如何，只要某顆恆星在一定的時間尺度內有亮度變化[2]，就可以把這顆恆星歸類為變星。

變星的分類

雖然變星的數量很多，但可以細分為不同種類。有些變星的亮度變化有一定的週期，這些變星的週期長短不一，短至數分鐘到長達數十年都有：現今記錄到最短的週期大約只有 2 分鐘，而最長的週期可長達 96 年，幾乎將近一個世紀！這一類的變星如果只有單一週期的變化，那麼它們的亮度變化會非常有規律，呈現從亮變暗再變亮的週期性循環。但可不是所有的變星都這麼好捉摸，有些變星可能會同時擁有數個，甚至數十個不同的變化週期[3]；另外還有一些變星的亮度呈現半規則或不規則，甚至是隨機性或爆發性的變化，這一類的變星通常沒有明顯的週期，不然就是根本沒有週期。

早期變星以亮度變化（如有無週期、有無規律的變化等）來作為分類依據；隨著觀測資料的累積和理論模型的建立，現今對變星的分類則以變星本身的物理性質來作為分類依據。大致上，變星的家族可區分為兩大類：

(1)因為變星本身固有的物理性質而造成亮度變化的變星，如：脈動變星。

(2)因為某些外在因素造成亮度變化的變星，如：食雙星。

2.更正確地說，是在統計多筆觀測資料後發現有亮度變化。

3.星震學針對此類變星進行許多研究。

　　而這兩大家族最具代表性的變星就是之前提到的**造父一**和**大陵五**。值得一提的是，這兩顆變星都和古德利克有關：他發現了造父一的亮度變化，並正確地解釋了大陵五亮度變化的原因。如果再對這兩大家族內的變星作更進一步的分析和分類，變星的種類可達 100 多種，不過這裡不會討論得那麼詳細，只選這兩個比較大宗、具有代表性的變星種類來加以說明。

⑴脈動變星：

　　由於恆星內部的結構和物理條件，脈動變星的表面有規律性或半規律性的膨脹和收縮現象，有如脈動一般，讓它們的亮度也隨之出現規律性或半規律性的變化。

▲圖 3　獵戶座中的參宿四是一顆半規則變化的脈動變星。 (Credits: Betelgeuse: ALMA (ESO/NAOJ/NRAO)/E. O'Gorman/P. Kervella; Orion: Shutterstock)

　　造父變星就被歸類於脈動變星底下的一大分支，屬於年輕的變星，而它們的週期大約從數天到 3 個月不等。造父變星常被作為測量天體距離的**標準燭光**，因為它們的平均亮度和脈動週期成正比關係，這就是著名的**周光關係**，由勒維特 (Henrietta Leavitt) 在 1890 年代觀測小麥哲倫星雲內的造父變星時發現。

要怎麼運用造父變星的周光關係來測量天體距離呢？

只要測量到某顆造父變星的週期，就可利用周光關係得知這顆造父變星應該有多亮──也就是它的絕對星等。有了絕對星等，再透過觀測造父變星得到視星等，就可以帶入天文學上的「距離模數公式」，推算出這顆造父變星距離我們有多遠。

　　哈伯 (Edwin Hubble) 就利用在仙女座「星雲」(M31) 內的造父變星來求得 M31 的距離，從而得知它其實不是位在銀河系裡的星雲，而是另一個「星系」。此外，哈伯也利用在鄰近星系內的造父變星來求得這些星系的距離，加上當時測量到的紅移，繼而發現我們的宇宙正在膨脹──也就是著名的**哈伯定律**[4]。哈伯定律的發現為宇宙大霹靂的理論提供非常有力的證據，而當中的哈伯常數也是現代宇宙學中一個非常重要的常數。

　　除了造父變星外，脈動變星還包含其他的分支，如週期短於一天的天琴座 RR 型變星和週期超過 100 天的米拉變星等，有些白矮星也屬於脈動變星。

4.詳情請參〈III-2 解放無限蒼穹的想像：哈伯定律〉篇。

⑵食雙星：

　　就如人類的世界有戀人或夫妻，恆星的世界也有成雙成對的雙星系統，兩顆星被彼此的引力束縛，因而繞著它們的質量中心轉動。而食雙星就是從地球的角度看去時，雙星系統中的兩顆星互相把對方的光擋掉，形成所謂的「食」，類似月球把太陽的光擋掉形成日食的情況。當雙星系統內的第一顆恆星把第二顆恆星的光擋掉，可以觀測到它們的總亮度會變暗；同理，當第二顆恆星把第一顆恆星的光擋掉時，它們的總亮度也會變暗（只是程度會有些微差異）。所以食雙星也被歸類為變星的一種，和脈動變星不一樣的是，它們的亮度變化和恆星本身內部的結構無關。

　　食雙星是變星內的一大家族。除了數量眾多[5]之外，在雙星系統內兩顆星的組合也五花八門：有的兩顆星都是主序星；有的只有其中一顆是主序星，伴星則是巨星或甚至是緻密天體，如白矮星或中子星等。食雙星的兩顆星可以分隔得很遙遠，大陵五即是一例，而它們互繞的週期可以很長（數天到數年不等）；但有的食雙星系統內兩顆星距離得很近，有些近到可以交換彼此的物質，有時甚至會產生吸積盤[6]。在天文物理上，食雙星是很重要的一種天體，因為天文物理學家可以利用克卜勒第三定律來求得恆星的質量。

變星的重要性

　　這裡雖然只有大略介紹變星和其中兩個主要的家族，但變星的世界可說是多采多姿、變化多端。例如有一種變星是食雙星系統，但系統中的伴星卻又是一顆脈動變星。這種變星就同時承續了之前介紹的

---

5. 在太陽系鄰近的星域，有大約一半的恆星屬於雙星系統。

6. 詳情請參〈V-6 生死與共的夥伴：雙星〉篇。

兩大家族的特點。變星在天文學的研究中是不可或缺的重要角色,例如 Ia 型的超新星也是變星的一種,這種變星就對宇宙暗能量的發現有重要的貢獻,而這種類型的超新星在爆發前就是其中一顆伴星為白矮星的雙星系統。

9 熱鬧的恆星出生地：
星團

文／陳文屏

　　太空中的恆星看起來相距疏密不一，其中有些聚集在一起，彼此
的引力讓它們互相繞行，這些就是「星團」。

▲圖 1　昴宿星團也稱 M45，或七姊妹星團，是個年輕的疏散星團。
(Credits: NASA/ESA/AURA/Caltech/Palomar Observatory)

星團的種類

　　位於金牛座的昴宿星團，肉眼可見 6、7 顆亮白的星星，所以也被稱為「七姊妹」星團，使用望遠鏡則可以看到超過數百顆星。類似這樣的星團外觀不規則，稱為**疏散星團**，一般包含了數十顆到數百顆成員恆星，其中常有外觀呈現藍白色者，這些恆星壽命短，星團本身也很年輕，像昴宿星團距離我們約 440 光年，成員集中在數光年的直徑之內，年齡大約一億年，跟已經形成約 50 億年的太陽比起來，算是處於嬰兒期。肉眼可見的疏散星團，除了昴宿星團以外，還有同樣位於金牛座方向、距離地球最近（約 150 光年）的畢宿星團，以及位於巨蟹座的蜂巢星團　（也稱鬼宿星團）。疏散星團都繞著銀河系的銀心，在銀盤上運動。

　　另外還有一種星團，外觀緊實且呈現球形，越往中央星球數量愈多，一般在十幾光年的直徑範圍內，包含了數十萬顆甚至上百萬顆恆星，稱為**球狀星團**。例如位於飛馬座的 M15 就屬於球狀星團，它距離我們約 3 萬 4,000 光年，年齡已經超過 120 億年。M15 星團本身的半徑約 175 光

▲圖2　M15 是個球狀星團。核心左上方的藍點是個行星狀星雲，處於恆星演化晚期，因為溫度高而呈現藍色。另外有些藍點屬於「藍掉隊星[1]」。星團當中還有大量 X 射線源。(Credits: NASA/ESA)

1.藍掉隊星：Blue stragglers，指星團中與其他恆星成員有相同光度，但表面溫度較高的藍色恆星。依照理論，這類恆星應該已經演化到晚期，目前尚無定論為何這些恆星仍處於主序階段。

年，估計擁有超過 10 萬顆成員星，空間極度擁擠，接近中央的部分，即使是精良的望遠鏡也無法分辨出個別恆星。

星團的空間分布

銀河系目前已知有數千個疏散星團，絕大部分距離太陽在數千光年之內，且多分布在銀盤上，尤其集中在旋臂附近。受限於銀盤的嚴重消光[2]，距離更遠的疏散星團不易察覺。銀河系另有 100 多個球狀星團繞著銀心運動，它們分布在銀盤上下四方，構成銀暈的一部分。銀河系以外的其他星系也存在星團。

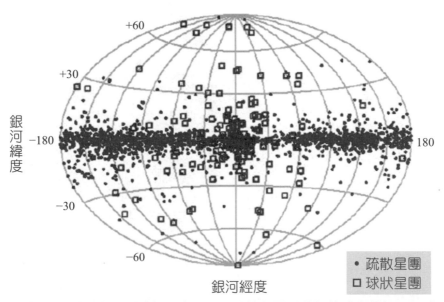

▲圖 3　星團的銀河系座標分布，顯示疏散星團（藍）集中在銀盤，而球狀星團（紅）的位置看起來多在銀心附近，且銀緯分布廣。（Credits：陳文屏）

2.消光：天體發射的電磁輻射被太空中以及地球大氣當中的氣體和塵埃吸收、散射，以致強度減弱的現象。

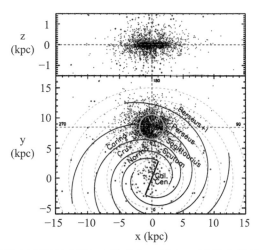

▲圖 4　銀河系中星團位置的三維分布，其中 x 軸從太陽指向銀心，y 軸沿著銀盤與 x 軸垂直，z 軸則垂直銀盤，單位為 kpc（1 kpc 相當約 3,260 光年）。（上）x-z 為銀河系側視圖，顯示疏散星團（黑）集中於銀盤，而球狀星團（紅）則離銀盤較遠，以銀心為中心散布在銀暈中。（下）x-y 為銀河系俯視圖，顯示已知的疏散星團都在太陽系方圓數千光年以內，且鄰近旋臂。中央的粗線代表銀河中心的棒旋結構，螺旋實線示意旋臂，並標示出旋臂名稱。藍色圓圈中央為太陽位置。（Credits：林建爭）

星團的形成與演化

　　星球與星球之間並非空無一物。這些星際物質分布稀疏，壓力小，因此無法以液態存在，而由氣體與塵埃組成，稱為**星際雲氣**。有種雲氣的溫度只有攝氏零下 250 度左右，主要由氫分子組成，在每個小指指尖大小的範圍裡，包含了數萬個分子，這些雲氣稱為**分子雲**。它們又冷又濃，一旦向外膨脹的熱壓抵擋不住向內收縮的引力，便會持續收縮並升溫，當溫度達到攝氏數百萬度，氫氣便進行核融合，所產生的能量維持氣體高速運動、產生高壓，藉此平衡內縮的引力，一顆結構穩定而自行發光的恆星於焉誕生[3]。

3.詳情請參〈II-4 無中生有的艱難任務：恆星的誕生〉篇。

　　星系當中的巨大分子雲，其質量為太陽的數十萬倍，當密度高的局部區域發生分裂、各自收縮，就形成恆星群聚。一般相信所有恆星都在星團的環境中誕生，每個星團剛開始可能包含了上萬顆甚至更多成員，其中大質量恆星的數量極少，質量愈小的恆星數量則愈多。年齡只有百萬年的年輕星團，區域中仍殘存大量雲氣，氣體會散射星光而呈現藍色，就如地球大氣散射陽光造成藍色的天空，這些稱為**反射星雲**。在明亮高熱的恆星周圍，氫氣吸收紫外光，受到激發而發出紅色光芒，稱為**發射星雲**。若星光或是發射星雲受到塵埃遮擋，則顯示出**黑暗星雲**[4]。

▲圖 5　初生的星團四周仍存在大量雲氣， 明亮藍白色的大質量恆星發出的紫外光使周圍的氫氣游離，因而發出紅光。 (Credits: NASA/ESA/the Hubble Heritage (STScI/AURA)–ESA/Hubble Collaboration)

4.詳情請參〈II-8 蒼茫星空的輪迴：星際物質〉篇。

　　有些星團在誕生不久後就消散了。要是成員星之間的引力足以維持互繞，便逐漸穩定形成球狀分布。質量大的成員星損失能量，以致「沉澱」，往中央集中；質量小的成員星則被引力加速，分布在較大的體積當中，形成「質量分層」的效應，質量最小的成員星甚至可能被拋出星團。星團損失成員星的過程類似液體蒸發，而這個**恆星蒸發**的過程使得星團質量逐漸減少，引力束縛也愈發減弱，造成星團結構終而瓦解。剛瓦解不久的星團，成員星仍然聚集在一起，在太空中的運動也維持不變；這些已經不受引力束縛的集團稱為**移動星群**。目前在太陽系附近大約已發現十多個年輕的移動星群。

　　恆星源於收縮的分子雲，星系也是一樣。銀河系來自極大團的「原星系」分子雲，最早發生的一批劇烈恆星形成活動可能構成**超級星團**，包含為數眾多深埋在雲氣當中的明亮恆星，之後演化成目前看到的球狀星團。旋轉的原星系雲氣收縮成扁盤形狀，成為銀盤，而銀盤中豐富的雲氣持續在恆星生、老、病、死的演化過程中代代相傳，新誕生的恆星除了氫與氦，還富含經由核融合過程所製造出來的複雜元素，而在恆星死亡後，這些元素又回歸到星際空間，成為形成下一代恆星的材料。

　　在銀盤中產生的星團，受到其他天體的干擾（例如鄰近的巨型分子雲、星團的潮汐力或差動旋轉等）而加速瓦解，成為形狀不規則的疏散星團，它們的年齡從剛誕生到百億年都有。留在銀暈中的球狀星團則比較不受影響，演化成穩定的球形。當初球狀星團形成恆星時，星際物質多為氫、氦等簡單元素，其中藍白色的大質量恆星已經死亡，現存的成員星都屬於黃、紅色的低質量恆星。

針對星團的研究

　　星團是恆星誕生之處。科學家除了對星團本身的形成、演化與瓦解機制感興趣外，也把星團當作研究其他課題的工具。由於星團成員同時誕生，源於同樣成分的雲氣，與地球的距離也幾乎一樣，因此提供了不同質量恆星演化的重要樣本。想要估計單獨某顆恆星的距離必須仰賴視差測量或進行光譜分析，但是利用光度測量找出星團的主序，便可用來估計該星團成員星的距離。

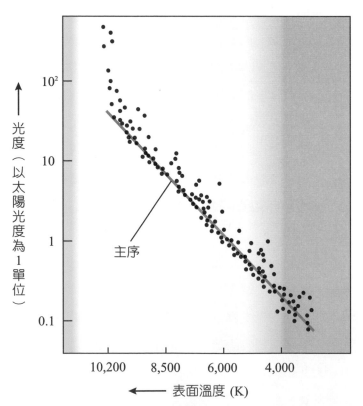

▲圖6　典型疏散星團的赫羅圖，紅線表示理論的恆星主序，而黑點則代表成員星的觀測數據。此星團的大質量恆星正演化離開主序，而其他質量較小者仍處於主序階段。

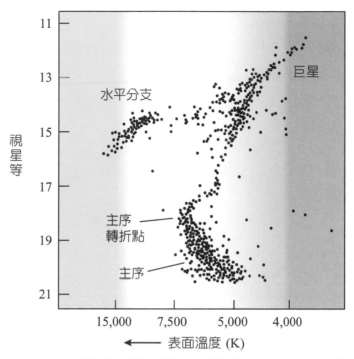

▲圖7　典型球狀星團的赫羅圖，黑點代表成員星。此星團的中、大質量恆星已經演化到末期，只有小質量恆星仍處於主序階段。

　　星團當中的大質量恆星率先衰亡，以超新星爆發結束一生；質量稍小者則正演化成紅巨星、白矮星等，因此某些星團的赫羅圖只剩下半段，質量較小的恆星仍處在主序階段，其他更大質量的星球則已經離開主序[5]。愈老的星團，正在離開主序的恆星質量愈小，因此利用這個**主序轉折點**可以判斷某星團（以及其個別成員星）的年齡。有了距離與年齡，各個星團就如探針般，提供銀河系不同位置的化學豐度等有關星系演化的重要資訊。

_____

5.詳情請參〈II–5 星星電力公司：恆星演化與內部的核融合反應〉篇。

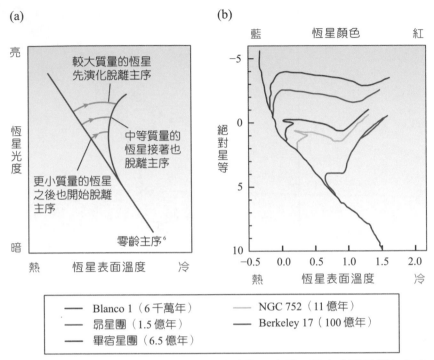

▲圖 8　星團的赫羅圖：(a)單一星團的演化示意圖，原來成員星都在主序上，較大質量的恆星先演化脫離主序。之後隨著質量次之的恆星也陸續脫離，造成下半段主序愈來愈短。(b)各星團呈現不同曲線，可以因此推測其年齡。

6.零齡主序：各質量恆星剛進入主序階段時在赫羅圖上的連線。恆星接著持續演化，會改變在赫羅圖上的位置。

II

宇宙人的
搖籃

1 身世偵查全公開：
宇宙有多大、多老？

文／巫俊賢

就像古生物學家利用各種儀器及證據來判斷、探索恐龍在地球上的生存年代，天文學家與宇宙學家也必須提供一些觀測證據及宇宙學模型來判斷宇宙到底有多大、多老？

夜空為什麼是黑的？

以前的宇宙學家堅信宇宙一直存在著，而且沒有邊界，認為宇宙就是無限大、年齡無限老。試想你迷失在一片森林裡，四周的樹木枝幹遮住了整個視野。森林到底有多大？森林的邊界之外是不是有湖泊或住家？這些問題都沒辦法經由觀測得到答案。同樣地，把星星想像成樹木，如果宇宙無限大、發光的恆星均勻分布其中，就像森林中的樹木，布滿宇宙的恆星也應該會遮住整個視野。可是好奇怪！如果夜晚的天空被發光的星星塞滿所有的視角，夜空不是應該很亮嗎？為何反而是暗的呢？這就是著名的**歐伯的悖論** (Olber's paradox)。自從有人提出這個疑點之後，宇宙學家就開始不斷挑戰過去原有的宇宙觀。

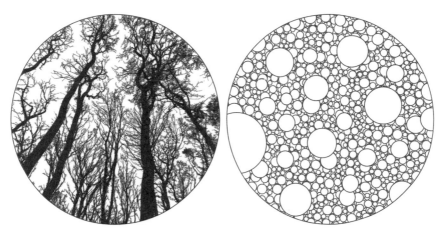

▲圖 1　想像宇宙是森林，每顆星星都是樹，為何滿布夜空的星星不會占滿整個視野形成一片光亮？(Illustration design: Pixabay)

　　他們嘗試了各種想法，其中一個可能就是宇宙是有限大的，可是如果宇宙有限大，那應該有多大？宇宙的邊界之外又是什麼呢？近代宇宙學解決了這個悖論，那就是**大霹靂學說**[1]。簡單來說，因為宇宙在膨脹，所有的星體都在遠離我們，距離我們愈遠的星體，遠離的速率愈快。超過某個距離之外的星體，它們遠離我們的速率超過光速，發出的光無法抵達地球。由於星光可以抵達地球的星體數目有限，夜晚的星空並沒有被無限多個星星塞滿，所以夜晚的星空看起來才會是漆黑的。

宇宙現在多大了？

　　近代宇宙觀測與理論確認了宇宙正在膨脹。於是宇宙學家又想：如果宇宙正在膨脹，而且又是有限大，只要利用膨脹的速率和空間大小往回推算，不就可以得知宇宙誕生的起點了嗎？如果找到了起點，那麼從宇宙誕生到現在的時間長度，就是宇宙的年齡！為了解開宇宙

1.詳情請參〈III-3 餘韻未絕的創世煙火：大霹靂〉篇。

年齡的謎底，必須先知道宇宙有多大，然後利用宇宙模型和為數眾多的觀測值，看看宇宙需要多長的時間才可以長成今天的樣子。

要知道森林有多大，必須從它的邊界起算；同樣地，要知道宇宙有多大，前提是要先定義出宇宙的邊界在哪裡。但要如何定義宇宙的邊界呢[2]？哈伯定律告訴我們：恆星遠離我們的速率跟距離成正比，所以愈遠的恆星，正以愈快的速率遠離我們[3]。一旦距離夠遠，其遠離速率將會大於光速，也就表示在該距離之外的恆星，所發出來的光到現在還沒有抵達地球。光以光速在跟宇宙膨脹效應競爭，能夠抵達地球的，對我們而言才有意義。這就可以拿來定義宇宙的邊界，邊界之內是可以觀測到的範圍，我們稱之為**可觀測宇宙**。雖然光速是固定的，可是宇宙膨脹的速率卻會隨著宇宙內的組成物改變，所以可觀測宇宙的大小會以不同的速率變大，如果宇宙膨脹得愈來愈快，可觀測宇宙就會愈變愈小[4]。

也許你曾經在天文館看過介紹星空的立體劇場，事實上那只是一個半球體的投影布幕，可是卻讓觀眾有如身歷其境，好像真的在空曠的地方觀賞星空。為什麼可以帶給觀眾那麼逼真的臨場感？原因就出在投影布幕是「半球體」，投影在布幕上的影像可以同時抵達觀眾的眼睛，這一點跟真實星空是一樣的，所有的星光也同時抵達我們的眼睛。可是星光是以有限的光速前來，表示我們看到的星星其實是過去的，它輻射出來的星光經過很漫長的時間才抵達地球，被我們看到。我們看到愈遠的星星，是愈久遠以前的樣貌，想來還有點孤單，原來我們看到的星空都存在於過去，有些甚至可能已經消逝了。可是從宇宙學

2. 詳情請參〈V-5 另一個世界存在嗎？平行宇宙〉篇。

3. 詳情請參〈III-2 解放無限蒼穹的想像：哈伯定律〉篇。

4. 詳情請參〈II-2 祕密追蹤行動：宇宙要往哪裡去？〉篇。

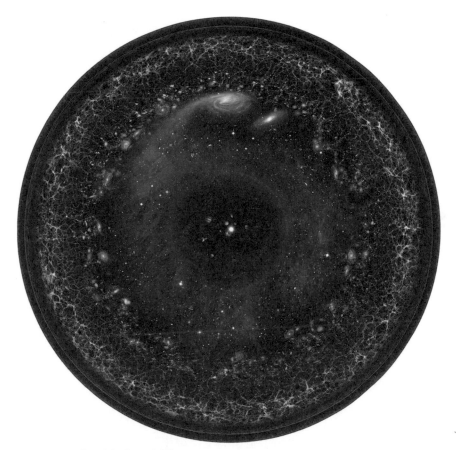

▲圖 2　可觀測宇宙示意圖 (Credits: P. C. Budassi)

家的角度來看，這並不令人感覺遺憾，因為我們可以經由觀測遙遠的
星體來瞭解宇宙過去曾經發生什麼事！

　　有了宇宙的邊界，終於可以回答宇宙有多大、多老了吧？別急，
我們還需要這些線索：宇宙膨脹的速率、宇宙不同時期的膨脹模型，
以及宇宙現在的溫度。宇宙的大小和年齡跟溫度有什麼關係？我們先
假設大霹靂學說是正確的，表示宇宙從誕生後一直在膨脹。宇宙早期
曾經是電漿狀態，隨著空間膨脹，溫度下降，光和粒子不再交互作用，
造成輻射部分只是單純的隨著空間膨脹而溫度下降。因為原來是熱平

衡狀態，所以之後也維持著熱平衡的狀態。宇宙中充滿了這些早期遺留下來的熱輻射，也就是我們常聽到的**宇宙微波背景輻射**[5]，經測量其溫度為 2.725 K。

如果我們知道宇宙的整個演化過程以及空間膨脹的速率，就可以往回推算出宇宙年齡。經過近年來精準的天文測量，包括宇宙背景輻射、超新星爆炸的資料等，測量數據跟理論預測值都非常吻合。根據推算結果，宇宙現在的年齡約 138 億年，所以宇宙大小約略等於宇宙年齡乘以光速，也就是 138 億光年。

如果宇宙空間沒有在膨脹，速率乘以時間算出來的距離的確是宇宙的大小。可是宇宙一直在膨脹，當初發光的星體在這段時間也一直在遠離我們，所以今天宇宙的大小應該更大。想像有一個實驗要利用水滴掉落的速度和時間推算屋頂的高度，但屋頂正在不斷長高，如圖 3 所示。假設水滴從屋頂掉下，經過 5 秒後落在你的臉上，你用簡單的加速度運動公式計算，得到的是 5 秒鐘前的屋頂高度，並不是水滴滴到你臉上這一刻的高度。因為屋頂在這 5 秒鐘也往上移動了一些距離，所以水滴到你的這一刻，屋頂高度比原來預估的更高。同樣的道理，雖然我們算出宇宙年齡了，但是在光旅行抵達地球前的這段期間，宇宙的邊緣也在往外移動，所以可以推論宇宙的大小應該大於 138 億光年，而宇宙學家用宇宙演化的模型修正數值，估計出宇宙現在的大小大約是 460 億光年。

要特別注意的是，我們是以地球為中心來估算宇宙的大小。如果距離地球 460 億光年外也有智慧生命利用相同的方法得知他們的可觀測宇宙是 460 億光年，那兩個可觀測宇宙加起來的宇宙不就更大了嗎？也許你會問：宇宙之外難道還有跟我們沒有關聯的宇宙？如果把

5. 詳情請參〈III-4 早期宇宙的目擊證人：宇宙微波背景〉篇。

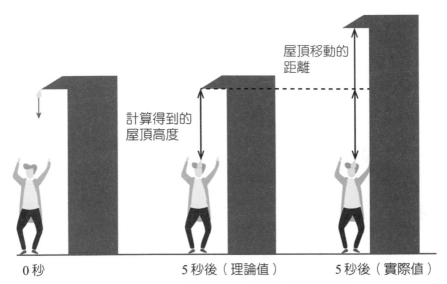

▲圖 3　計算出屋頂高度時，實際上屋頂也在這段期間長高了。(Illustration design: rawpixel.com/Freepik)

每個宇宙都考慮進來，不就會有一個無限大的大宇宙？這個問題沒那麼單純，得考慮我們的空間是封閉的還是開放的。我們可以用球面和平面來類比思考：如果空間像球面一樣是封閉的，不管在球面上畫幾個圓圈，圓圈的總面積都不會超過球面面積；可是如果空間像平面一樣是開放的，畫在平面上的圓圈總面積可以是無限大！所以如果要考慮更大的宇宙（不是我們的可觀測宇宙），它的大小是有限還是無限將會取決於空間的彎曲方式是封閉的還是開放的。

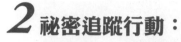

2 祕密追蹤行動：
宇宙要往哪裡去？

文／巫俊賢

　　宇宙要往哪裡去？這個問題問的不是宇宙的運動，而是宇宙的變化。把整個宇宙當成一個探討的對象，研究它隨著時間演化的學問就是宇宙學。近代宇宙學跟天文觀測已經證實我們的宇宙正在膨脹，合理的問題是：宇宙會一直膨脹下去嗎？如果會，宇宙會變成什麼樣子？還是宇宙膨脹到某個地步之後就會停止了？抑或宇宙膨脹到某個地步後會開始塌縮？

宇宙膨脹時會發生什麼事？

　　若以最近的理論與觀測來看，我們確認宇宙正在膨脹中，而且是加速膨脹。這裡的膨脹是指空間的膨脹。想像在一個氣球裡放了 3 顆球，當氣球被吹得愈來愈大時，裡面仍然只有 3 顆球，這時氣球的密度會下降。同樣的道理，宇宙裡充滿了粒子和輻射，當宇宙的空間膨脹時，粒子的密度會愈來愈低，星雲和星雲之間的距離也會愈來愈遠，整個宇宙愈來愈空。

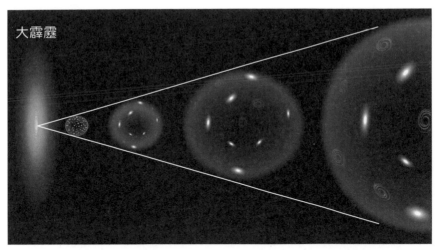

大霹靂

▲圖 1　宇宙膨脹示意圖。當空間膨脹，星雲之間的距離會愈來愈遠。
(Credits: Shutterstock)

　　除了粒子密度發生變化之外，輻射也會因為空間膨脹而產生紅移現象[1]，輻射的波長會愈變愈長，輻射能量則愈變愈低。當宇宙一直膨脹下去，宇宙的溫度會愈來愈低，因為星體一邊輻射星際風、一邊演化，當生命終結，最後會剩下一些殘骸，像是中子星、黑洞等。中子會衰變，數目隨著時間愈變愈少，慢慢地剩下光和一些輕子[2]，於是最後宇宙由黑洞稱王。可是霍金輻射會將能量慢慢從黑洞外圍輻射出去，使黑洞的質量變小。什麼是霍金輻射呢？這是一種熱輻射，它的溫度跟黑洞的質量成反比[3]。剛開始，能量可能輻射得很慢，可是隨著輻射造成黑洞的質量愈來愈小，輻射會愈來愈強、溫度也下降得愈來愈快，最終黑洞將會消失。

1.詳情請參〈IV-5 遠近有譜：都卜勒效應和宇宙紅移〉篇。

2.輕子：質量很輕的基本粒子。

3.詳情請參〈IV-4 大大小小的時空怪獸：黑洞面面觀〉篇。

當宇宙只剩下從黑洞散發出來的輻射，這些輻射的能量會在空間中均勻分布，達到熱平衡。當空間中每處溫度都一樣，代表沒有溫差，無法產生熱流，也就無法作功，任何狀態都不會改變，整個宇宙最後會呈現一片死寂。這時候整個宇宙幾乎是真空的狀態，即使剩餘的光、輕子、電子、正子[4]在宇宙中翱翔，它們也幾乎沒有機會相遇，可是宇宙卻繼續膨脹。

這是唯一的結局嗎？

想要進一步猜測宇宙最後會怎樣，得先回頭問：為什麼會產生大霹靂？宇宙的創生是怎麼回事？暗物質、暗能量是什麼？對宇宙的演化扮演了什麼角色[5]？宇宙創生及膨脹的起源是真空的量子起伏，目前我們所能理解的起點就是在某一瞬間，宇宙的狀態改變了——真空場從偽真空[6]的穩定狀態跑出來，釋放出真空能量[7]造成宇宙快速膨脹，這個時期稱為**暴脹宇宙**。暴脹宇宙末期產生了大量的真實能量，像是光和粒子等。之後隨著宇宙膨脹，宇宙溫度下降，陸續產生各種粒子與結構，當宇宙內主要的組成物質改變了，時空會有不同的動態行為。這段期間宇宙經歷了電漿主宰的混沌、不透明時期，接著以輻射為主體，然後再以物質為主體，如今的宇宙膨脹則主要由暗能量與暗物質所掌控。

---

4. 正子：電子的反物質，質量與電子相同，但帶正電荷，由某些特定的放射性元素在衰變過程中產生。若正子與電子碰撞，兩者的質量會轉變成能量。

5. 詳情請參〈III-3 餘韻未絕的創世煙火：大霹靂〉、〈II-9 遮掩天文學發展的兩朵烏雲：暗物質與暗能量〉篇。

6. 偽真空：不是真正的最低能量狀態，只是能量相對較低，可是有發生量子穿隧效應的機率，可能會往更低能量的狀態演化，何謂穿隧效應將在後文作介紹。

7. 真空能量：即使沒有物質，仍存在於空間中的背景能量。

宇宙正在加速膨脹！

　　這是很奇妙的現象，超出宇宙學家原先的想像。愛因斯坦的廣義相對論告訴我們：物質能量會造成空間變化，若把宇宙中可探測到的物質加總，宇宙的膨脹速率應該會愈來愈慢，可是觀測結果卻顯示宇宙在加速膨脹！想像一下，如果往天上拋一顆球，因為重力的緣故，球往上的速度會愈來愈慢，最終停止並開始往下掉。這是一般的情況，可是你能想像上拋的球不但沒有減速，反而愈衝愈快，加速往外太空飛去嗎？宇宙加速膨脹的現象就跟上拋的球加速往天上飛一樣令宇宙學家驚訝不已。

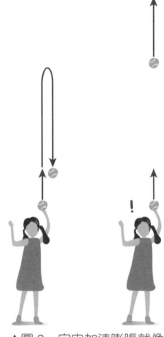

▲圖2　宇宙加速膨脹就像上拋的球加速往天上飛一樣不可思議。(Illustration design: rawpixel.com/Freepik)

　　宇宙為什麼會加速膨脹呢？目前唯一能解釋這個現象的說法，就是有一種「反重力的能量」在撐開宇宙。因為我們目前還不知道它是什麼，所以稱之為**暗能量**。對於宇宙未來的猜測，將取決於這種真空能量（暗能量）的變化，不同的創生機制會發展出不同的未來。

暗能量和宇宙演化模型有什麼關係？

　　到目前為止，我們對暗能量的來源與特質瞭解甚少，然而它卻是影響宇宙演化模型的重要關鍵，若對暗能量的想像和猜測加以變化，將會使宇宙演化模型截然不同。依照前面的推論，關於宇宙的未來，

最直接的想像就是：宇宙就這樣繼續膨脹下去，最後會冷到變成一片死寂。可是如果把暗能量納入考慮，也許會有其他的結局。既然暗能量都可以反重力了，再奇特一點也不是不可能的，我們可以作更大膽的想像。目前科學界有兩個比較熱門的說法，一個從「暗能量的特質」著手；另一個則從「暗能量的產生」著手，分別介紹如下：

⑴暗能量的特質造成宇宙加速膨脹？

如果暗能量的特質會造成空間的膨脹更快速,那會發生什麼事情?先想一想，既然宇宙在膨脹，那麼宇宙中的銀河、恆星，甚至是原子，是不是也會愈變愈大？其實不會。如圖3所示，假設在一橡膠膜上相距10公分處各放一個木塊，然後將橡膠膜拉開，這時木塊間的距離會隨著橡膠膜被拉開而變長。接著用一條繩子連結兩個木塊，重複同樣的操作步驟，將橡膠膜拉開，這次因為木塊被繩子拉住，彼此間的距離並不會改變。

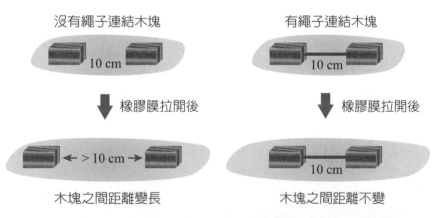

▲圖3 如果沒有繩子連結，木塊之間的距離會隨著橡膠膜拉開而變長。

　　現今宇宙中的結構就如同這個假設，小至原子，大至銀河，彼此間都有交互作用力互相吸引，這種效應比空間膨脹還大。可是交互作用力也需要傳遞，而且傳遞的速度跟光速一樣。這時候問題來了，當宇宙膨脹得更快，銀河兩端的物質可能會失聯，就像連接兩個木塊的繩子斷掉一樣，無法繼續交互作用。當宇宙繼續加速膨脹，最後所有粒子被拉開的速度都會比光速更快，於是吸引彼此的交互作用徹底失效，只能隨著空間膨脹而解體。也就是說，如果暗能量具有造成空間加速膨脹的特性，那麼宇宙中所有的物體最終將會被撕裂！

⑵暗能量的產生造成宇宙加速膨脹？

　　宇宙的創生來自於量子的**穿隧效應**，真空場隨機地從偽真空穿隧出來並釋放能量，達到更低的能量狀態，這個過程產生了暴脹宇宙。所謂的穿隧效應是一種量子效應，是指一微觀粒子有機率可以穿透位能屏障，這種效應就像一顆球被困在箱子裡，某天突然穿透箱子一樣神奇。在日常生活的巨觀世界中，發生穿隧效應的機率幾乎為零；但在微觀的量子世界，機率卻高很多。回到宇宙創生的問題，沒有人知道今天的真空是否真的是能量最低、最穩定的「真空」。如果不是，那就表示還有機會再發生穿隧效應，即使宇宙到了末期，處在能量相對低點，也有可能會再重演一次創生過程，釋放能量，產生光和粒子，再走一次演化！以此推論，宇宙搞不好可以一次又一次玩這種量子穿隧的遊戲，無窮無盡地演化、重生。

3 歷史悠久的行星芭蕾舞：
太陽系的起源

文／葉永烜

太陽系如何形成？這是一段很複雜的過程。從近日對系外行星系統的觀察和研究，我們知道行星系統的形成是很普遍的現象，但每個行星系統都有自己的特點，而我們的太陽系可能更與眾不同。經過天文學家多年的努力，對其主要的形成過程已經大略瞭解。

孕育行星的搖籃：從分子雲到吸積盤

在銀河系的旋臂存在一團團的分子雲，分子雲內可以找到更緻密的高密度區，其中已經有些高質量的 O/B 型恆星發射出極強烈的 X 光和紫外線輻射，把它們周遭的氣體吹走。圍繞著這些 O/B 型恆星，有些低質量的恆星胚胎也在生成中。

這些低質量的恆星胚胎有個蝌蚪狀的構造，尾巴指向中間 O/B 型恆星的相反方向，這是這些原恆星產生的恆星風與 O/B 型恆星的輻射和高速流作用引發的結果。如果再細看，可以辨認出一個扁盤狀結構和一對噴流。這些扁盤中含有氣體和塵埃粒子，行星便是從中生成。

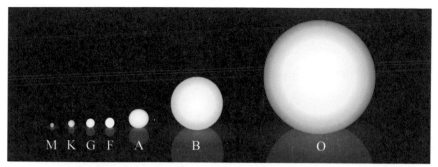

▲圖1 恆星可依光譜進行分類：藍色 O 型、藍白色 B 型、白色 A 型、黃白色 F 型、黃色 G 型、橘色 K 型、紅色 M 型。O/B 型恆星的溫度、亮度較高，通常位於活躍的恆星形成區，如螺旋星系的旋臂。(Credits: Rursus)

ALMA 無線電波陣列[1]的極高解析度觀察帶來更多重要的訊息。至今最令人驚奇的便是看到「HL Tauri 原恆星」的吸積盤中有幾圈空隙，顯示這是行星積生的區間。然而，這些天文觀察結果來自不同的天體和系統，代表不同時間尺度的現象。因此還需要在實驗室中對隕石、從月球和其他星體採集到的表面物質標本等進行化學分析、數值模擬和太空探測，才能建構出一個太陽系來源的初步理論模型。

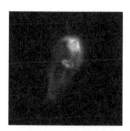

▲圖2 位在獵戶座分子雲中的原行星盤[2]

超新星爆炸促使原行星產生？

首先，太陽極可能是在一個大小夠大、並容納至少 1～2 個 O/B 型恆星的星團中形成。O/B 型恆星的壽命很短，約莫經過 1,000～

---

1. 詳情請參〈IV-4 宇宙收音機：無線電望遠鏡〉篇。

2. Credits: NASA/ESA/J. Bally (University of Colorado, Boulder, CO)/H. Throop (Southwest Research Institute, Boulder, CO)/C. R. O'Dell (Vanderbilt University, Nashville, TN)

2,000 萬年便到了演化的盡頭，瞬間發生能量極大的超新星大爆炸。爆炸時產生的壓力波會擠壓到旁邊的分子雲，促使它們重力塌縮，成為原行星。

天文學家在最原始的隕石標本中發現其中一項證據：有些小粒塊的成分中存在超量的鎂 26 (^{26}Mg)[3]，而這些鎂元素應該就是來自超新星爆炸所產生的鋁 26 (^{26}Al)。由於鋁 26 衰變為鎂 26 的時間大約只有 75 萬年，所以在這段時間內形成的行星胚胎，內部都會受到強烈的輻射加熱而熔化；而在數百萬年後才生成的行星胚胎則不會受到鋁 26 衰變的影響。

旋轉！吸積！逐漸成形的盤狀結構

由於分子雲本身在旋轉，在遵守角動量守恆[4]的情況下，旋轉軸的垂直方向會形成一個扁盤。它的成分以氫 (H_2) 為主，氦 (He) 為次要，其他則是少數的重元素。這意味著原恆星被一個由氣體和塵埃粒子所組成的**吸積盤**（或稱為**太陽星雲**）所包圍。在分子雲的重力塌縮尚未告一段落時，還會有更多物質繼續進入吸積盤，經過黏滯作用向吸積盤的內、外部擴散。

這段吸積過程除了傳輸質量之外，也會傳輸能量和角動量。向內注入的物質，除了一部分被原恆星吸收外，還有一部分會因為受到電磁作用影響，沿著恆星自轉軸的方向高速噴出，形成**兩極噴流** (bipolar outflow)。靠近原恆星周邊區域的溫度可高達 2,000 K，在此高溫條件下凝結的固態粒子亦會因為電磁作用而四散到太陽星雲外圍。

---

3. 標準的鎂元素原子量約為 24，此處是鎂的同位素，原子量約為 26。

4. 角動量守恆：角動量是物體轉動時具有的一種物理量，在系統受到的合力矩為零時，系統的角動量會維持定值，旋轉半徑愈大則轉動的角速度愈小；反之，旋轉半徑愈小則轉速愈快。

　　從觀察結果可以得知，當分子雲的物質耗盡後，兩極噴流亦會停止。而在這個階段，圍繞恆星的吸積盤因為恆星風和強烈的光蒸發效應[5]亦漸漸散逸。陪伴著原恆星的塵埃粒子盤所產生的紅外線輻射，通常在 300 萬～500 萬年內便會消失。當大量氣體尚存在太陽星雲中時，木星和土星這兩個巨型氣體行星必須形成。因為有幾個關鍵步驟還未明瞭，理論模型尚未確定整個過程如何發生。但基本上，我們可以有如下幾個假設和重要階段的劃分。

⑴最小質量太陽星雲模型：

　　此模型主張整個太陽星雲的質量，剛好相應於用以建構行星系統的物質。一開始，原始太陽的太陽星雲（包括氫、氦和塵埃粒子等物質）有約 0.5 倍的太陽質量。當行星開始形成，太陽星雲表面的溫度（T）分布主要由太陽輻射能量的輸入多寡決定，如以 R 表示相對日心的距離（以天文單位為單位），則 T 與 R 之間的關係為

$$T = T_0 R^{-b}$$

其中 $T_0 = 300$ (K) 是 $R = 1$ (au)、b = 0.5 時的溫度。

⑵固態粒子凝結和沉澱作用的過程：

　　在垂直太陽星雲盤面方向的溫度梯度，取決於塵埃及氣體的不透明度及輻射能量的傳輸，愈往內部，溫度愈高。在太陽星雲盤面上、下溫度較低的區域，物質可以從氣態凝固為固態，而物質所在位置的溫度條件會決定其礦物成分。這些半徑小於毫米的微小固態粒子受到太陽的重力作用，逐漸向扁盤中心下沉。這種沉澱作用使得太陽星雲發展出雙層結構，在固態粒子形成的薄盤上、下都蓋上一層氣體分子組成的厚盤。

───────────
5.光蒸發效應：太陽星盤中的氣體被高能量的光或其他電磁輻射剝離的過程。

⑶小石塊吸積作用：

這些微粒都在克卜勒軌道[6]繞著原始太陽運行，相鄰的粒子之間相對速度非常小，所以互相碰撞後可以利用化學力連結在一起，慢慢增大。但從在實驗室或太空站中的實驗可以得知，當粒子長到毫米大的時候，互相碰撞後便會反彈而不能連結在一起。也就是說，當太陽星雲中的物體繼續增大，會遇到一個瓶頸。

經過多年的研究，最近有個理論帶來新的突破，指出由於壓力梯度的影響，太陽星雲的氣體繞著中心太陽旋轉的速度會比克卜勒速度[7]慢。因此固態粒子盤面和氣體的相對運動會有**雙束流不穩定性**，繼而產生湍流和漩渦。這種現象在理論模型發展初期早有論述，但因電腦計算機的快速進步，非常複雜、精細的數值模擬到了今日都變成可行。

針對太陽星雲中固態粒子扁盤和氣體的「雙束流不穩定性」的研究，發現漩渦中可以產生高密度區，使得其中的塵埃粒子可以透過重力不穩定性塌縮，變成幾十公里至幾百公里大的個體。如果這個理論正確，代表太陽星雲中固態物體的生成並不是經過一連串的低速碰撞，從毫米大小，漸漸從公分、公尺、公里，增長到幾十公里或更大的微星體，而是一下子從毫米大小跳躍到幾十公里至幾百公里的範圍！這種機制現在稱為**小石塊吸積作用**。

6.克卜勒軌道：以太陽為焦點的橢圓形軌道。

7.克卜勒速度：星體環繞太陽運行的軌道速度。

▲圖 3　原行星吸積石塊想像圖 (Credits: NASA/JPL-Caltech/T Pyle (SSC))

⑷類地行星的形成：

　　這些第一代的微星體繼續碰撞。因為它們具有質量，所以碰撞後可以藉由重力吸引連結彼此。模型計算指出，太陽系內部（小行星帶之內的區域）在一億年左右的時間尺度，便可產生幾十個直徑約 1,000 公里大小的個體。它們再繼續互相碰撞，結果便成為今日餘存的類地行星：水星、金星、地球和火星。

　　這個過程估計長達 2 億～3 億年。在此期間，由於各個原行星的重力彈射作用[8]，未成為行星的微星體或碎片都會在離心率很大的軌道上運行。當它們和原行星碰撞，會釋放出巨大能量，在原行星上產生半徑數百公里～數千公里的隕石坑，甚至導致行星崩裂。水星之所以有不成比例大的鐵核，可能就是因為巨型碰撞事件把它本來的外殼轟掉了。

8.重力彈射作用：利用行星或其他天體的相對運動和重力改變本身的運行軌道和
　速度。

　　原行星在積生形成階段，很可能也各有一個扁盤構造圍繞。相互傳輸的角動量決定了原行星的自轉軸方向和自轉週期。簡單的理論模型指出：原行星本來的自轉軸應該都和太陽的自轉軸方向相似。所以為什麼金星會跟其他行星的自轉方向相反？為什麼火星的自轉軸和黃道面有很大的傾角？地球一月球系統的緣起又是什麼？這些問題的解答可能都來自它們與其他偏離軌道的物體發生碰撞之歷史。

⑸雪線：

　　在太陽星雲中壓力極低的環境，水分子可於溫度降至 150 K 時凝結成冰。水冰粒子開始出現的與日距離稱為**雪線**，約 4 天文單位。雪線以內的區域，水分子只能以氣態存在，容易被原始太陽的恆星風和輻射掃除，不能成為行星的建材。但在雪線之外，水分子就可以凝結為水冰，成為組成微星體的重要材料。太陽星雲的物質分布也與各類小行星的化學成分相呼應，在主小行星帶外邊（距離太陽約 3.2 天文單位）的物體通常含有較多的水分。

⑹小行星帶：

　　在火星軌道和木星軌道之間（在雪線內側），存在數量非常多的小天體。其中最大的是半徑 473 公里的穀神星 (Ceres)；小的則只有數公尺大，甚至更小。這些小天體的總質量僅是月球質量的 4%。

　　小行星代表太陽系最原始的物質，它們現在的軌道運動通常非常穩定。但如果它們的公轉週期和木星的公轉週期成簡單整數比（比如 3：1、2：1、4：3……）的關係時，則會在幾百萬年～幾千萬年的時間尺度內產生很大的離心率，由此可以跨進火星和地球的軌道之間，變成所謂的**近地小行星**，具備和地球碰撞的機率。若小行星進入地球大氣層後未被完全燒毀，墜落地面的碎塊便是隕石。直徑 100 公尺以上的近地小行星若碰撞地球，釋放的能量將足以消滅一座城市。據信

6,500 萬年前的恐龍滅絕事件便是由一個約 10 公里大小的近地小行星和地球碰撞所引發。

(7)木星和土星的形成：

木星和土星的成分主要是以氫、氦為主，核心由石質及水冰構成。假如這兩個氣體行星的核心質量均為地球質量的 10 倍，則木星的氣體質量為固態物質的 30 倍，而土星則為 8.5 倍。雖然有水冰作為建材的一部分，但對於這兩個巨大行星來說這些建材還不夠，因此木星和土星必須在分子雲塌縮後的 300 萬～500 萬年內形成，否則便不再有大量氣體供其吸收。

現在用以解釋木星和土星形成過程的其中一個模型便是經過「小石塊吸積作用」快速形成第一代的微星體。這些半徑只有 100～300 公里的物體，重力遠遠不夠把它們吸積的氣體保留下來，直到有個質量約為 10 倍地球質量的原行星出現，其表面重力足以抓牢吸積的氣體，不再讓氣體逃逸。隨著吸積的氣體愈來愈多，便形成現今所見的木星和土星。

(8)天王星和海王星的形成：

天王星和海王星的大氣層都很厚，但其質量遠遠不如木星或土星。相對來說，天王星和海王星的氫、氦，質量只有內部固態物質（石質和水冰）的 10%。關於這兩個行星，有一種說法是它們的形成時間比木星和土星晚很多，所以不能把太陽星雲中的氣體盡量吸積過來。

這兩個行星形成的詳細過程還不清楚，但有人推測可能是木星和土星形成後，土星軌道外的區域布滿了數公里到火星大小的冰質個體，這些物體經由互相碰撞，產生了質量更大的原始天王星和原始海王星。這兩個原行星的重力彈射作用把本來離心率很小的微星體克卜勒軌道，逐漸轉變成可以跨越其他行星的軌道。

當相互進行的重力彈射作用把微星體和冰質個體的軌道範圍推入土星和木星的軌道區域，有一部分的微星體和冰質個體會被這兩個巨大行星捕捉；另一部分則被相應的重力彈射作用加速，並增加其角動量。如果它們再次被天王星和海王星捕獲，就會造成天王星和海王星的軌道在吸積過程中向外擴大，木星和土星的軌道則向內收縮，直到太陽星雲外圍的固態物質被耗盡才停止。至於剩餘的微星體和冰質個體，便是我們現在所知的**海王星外天體**。

⑼**海王星外天體帶和歐特（彗星）雲：**

天王星和海王星的形成，可以說是太陽系結構中最後，但也影響極為深遠的一環。留存於兩者吸積帶中的物體稱為海王星外天體，軌道範圍主要位在距離太陽 30～50 天文單位處。當海王星的軌道外移時，可以把外圍的物體攬入能與它共振的軌道位置，冥王星便是最著名的例子。和冥王星一樣公轉週期與海王星公轉週期存在比例 2：3 關係的天體，數目也很多。

此外，還有不少海王星外天體有其他的共振關係，使它們的軌道運動非常穩定。但也有些非共振個體因為受到海王星的重力影響，偶然間被彈射到太陽系內部。當它們進入雪線之內的軌道區域，表面的水冰便會昇華、擴散，夾雜著塵埃粒子構成一個氣團，這些不速之客便是**彗星**[9]。

由於它們的動力學來源之故，這些彗星的軌道傾角通常都在 20°之內，克卜勒週期不會超過數十年，通稱為「短週期彗星」。在外行星吸積區的星體，也有不少被彈射到太陽系的極外圍，成為半徑逾幾萬天文單位，呈球殼狀的**歐特雲**。當鄰近的恆星穿越歐特雲時，有些物體的軌道因為受到重力擾動，使其近日點可以進入內太陽系。當到達

9.詳情請參〈I-2 太陽系的冰雪奇緣：彗星〉篇。

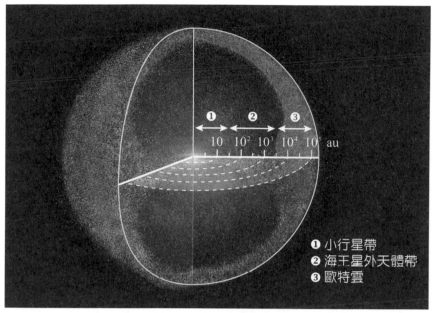

▲圖 4　太陽系的大型架構中有三個小物體系統，即在火星及木星軌道之間的小行星帶、在 30～50 天文單位之間的海王星外天體帶，以及在幾萬天文單位之遙的歐特雲。(Reference: Space Facts/L. Moreau)

雪線附近的距離，因為表層溫度增加，貯藏其中的水冰或其他揮發性更高的物質便會昇華成氣團，並產生塵埃雲，反射太陽光而被偵察到，這便是新彗星的來源。

4 無中生有的艱難任務：
恆星的誕生

文／賴詩萍

　　浩瀚的宇宙裡有無數的星系，每個星系通常又包含了數千億顆星星，因此恆星可以說是組成宇宙的「基本粒子」，瞭解恆星如何從虛無的太空中誕生，便是瞭解宇宙的一個非常基本的問題。然而要形成一個恆星，必須將星際空間中密度極低的物質（平均每立方公分約有一個氫原子），聚集成一團像太陽一樣的高密度氣體（平均每立方公分約有 10^{24} 個氫原子），而且這團氣體的中心溫度還要高到可以進行核融合反應，這對宇宙來說是個艱難的任務。以我們的本銀河系為例，其中大約有幾千億倍太陽質量的物質，可是每年只能產生幾個太陽質量的恆星，效率非常地差。

年輕恆星誕生的「黑」歷史

　　天文學家經過多年的觀測與研究，已經大致瞭解恆星誕生的過程。紅外線及無線電波的觀測資料顯示，年輕恆星的誕生地，是在冰冷黑暗的「分子雲」內部。相較於其他類型的天體，黑黑髒髒的分子雲，

▲圖 1　銀河系盤面黑暗的地方並非空洞，而是形成恆星的搖籃：分子雲。
(Credits: ESO/S. Brunier)

實在很難引發一般人對天文的興趣。19 世紀著名的天文學家赫歇爾 (William Herschel) 甚至以為這些黑雲只是天空中沒有星星的空洞。但是之後藉由觀測，天文學家證實了這些其貌不揚的星雲其實包含大量的氫分子與星際塵埃，而星際塵埃會吸收可見光及近紅外線，這就是為什麼分子雲看起來黑黑的。

▲圖 2　M51 星系，巨大分子雲多半分布在旋臂附近。 (Credits: NASA/the Hubble Heritage Team (STScI/AURA))

　　孕育恆星的分子雲，在恆星誕生時必須有極低的溫度，因為分子雲中的氣體會熱脹冷縮，而受到重力向內收縮的氣體若是太熱，重力塌縮便會被熱壓力阻止。另外，分子雲中的**紊流** (turbulence) 與磁場，也會產生壓力減緩重力塌縮。在大尺度上，銀河系中的星際物質會先聚集成**巨大分子雲**[1]，這些巨大分

子雲多半位於星系的旋臂附近。巨大分子雲若受到擾動而產生重力塌縮，會傾向形成**條狀結構**[2]，再分裂成**團塊**[3]。一個團塊可進一步分裂成多個**無星分子雲核**[4]。無星分子雲核的溫度極低（約 10～20 K），若是它的熱壓力與自身重力剛好平衡，此質量稱為**金斯質量** (Jeans mass)。當無星分子雲核的質量大於金斯質量，無星分子雲核就會因重力往中心塌縮而成**原恆星**。

低質量的原恆星演化

低質量的原恆星演化可從階段 0～3，分為 4 個階段：

(1)階段 0：原恆星在分子雲核內部剛形成的時候。此時原恆星外圍還有大量的質量掉入，掉入的質量在原恆星周圍形成**環星盤** (circumstellar disk)，並開始噴出**兩極噴流**，此時環星盤還很小，多數無法觀測到。

(2)階段 1：環星盤與雙極噴流皆相當顯著，包圍原恆星的物質仍然很多。受原恆星吸引的物質會先掉落在環星盤上，再從環星盤掉到原恆星，此時環星盤上的物質大致作圓周運動，環星盤上密度較高的區域，開始吸收附近的物質，開啟行星形成的過程。

(3)階段 2：幾乎已經沒有物質包圍原恆星了，環星盤也已經長得非常大。環星盤上有明顯的環，這是由原始行星清除軌道上的物質而形成。

(4)階段 3：原恆星及原行星已經接近成熟的階段，也就是跟太陽系非常相似了[5]，此時環星盤上物質相當稀少，多數物質不是已經被吸進恆星或行星，就是被恆星風吹散。

1.巨大分子雲：giant molecular clouds，約 100 光年大小、數百萬倍太陽質量。

2.條狀結構：filaments，長度約數十光年。

3.團塊：clumps，大小約數光年。

4.無星分子雲核：starless cores，大小約在一光年以下，質量為數倍到數十倍太陽質量。

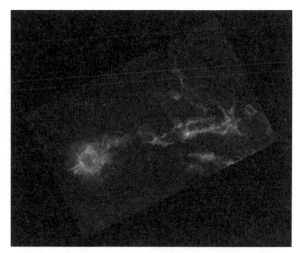

▲圖 3　IC5146 分子雲在次毫米波波段的影像，顯示許多條狀結構及團塊。(Credits: ESA/Herschel/SPIRE/PACS/D. Arzoumanian (CEA Saclay) for the 'Gould Belt survey' Key Programme Consortium)

▲圖 4　B68 無星分子雲核 (Credits: ESO)

5.詳情請參〈II-3 歷史悠久的行星芭蕾舞：太陽系的起源〉篇。

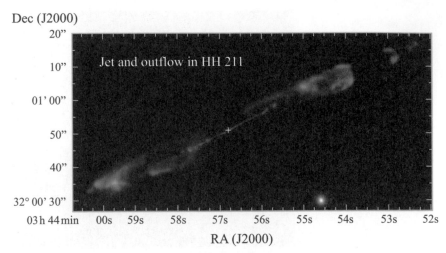

▲圖 5　原恆星 HH211 的兩極噴流（outflow，白色）與高速噴流（jet，紅色）。（Credits：李景輝、黃翔致、慶道沖、平野尚美、賴詩萍、Ramprasad Rao、賀曾樸《自然通訊》Vol. 9, Article number: 4636 (2018)）

▲圖 6　HL Tauri 原恆星的環星盤上有許多環狀結構，可能是因為有行星正在形成，因而清除了軌道上的物質。(Credits: ALMA (ESO/NAOJ/NRAO))

高質量的原恆星演化

高質量的恆星不會經過上述的 4 個階段。在重力塌縮開始之後，短時間內就能聚集大量物質，形成高質量原恆星。其中心溫度很快就能點燃核融合反應，成為年輕的恆星，並游離周圍氣體形成**超級緻密電離氫區** (Hypercompact HII regions)，此時高質量原恆星也有環星盤包圍，並產生兩極噴流。由於原先包圍高質量原恆星的物質質量相當大，因此即使已經形成恆星，也會產生輻射壓力，周圍質量仍然可能持續向中心塌縮並增加恆星的質量，而輻射強度也持續加強。當恆星的溫度高到連吹出的恆星風也是游離狀態的時候，電離氫區稱為**極緻密電離氫區** (Ultracompact HII regions)。之後達到穩定平衡，物質不再掉入的時候，即形成一般的**電離氫區** (HII regions)。

恆星演化的知與未知

一般而言，恆星是集體生成的。一個團塊會形成一個星團，若是團塊的質量很大，則高質量與低質量的恆星會一起形成。天文學家發現恆星在剛形成時，各種質量的恆星有一定的比例，推測這可能與巨大分子雲中的紊流強度有關。另外，從巨大分子雲到環星盤的尺度，都有磁場存在的證據，並且磁場的存在是兩極噴流形成的必要條件，磁場也能幫助分子雲移除角動量，因此許多天文學家相信恆星的形成必須仰賴磁場的幫忙。雖然天文學家已經瞭解恆星形成的大致過程，但有許多關鍵細節尚未被完全釐清，因此恆星形成是天文研究的熱門領域之一。

5 星星電力公司：恆星演化與內部的核融合反應

文／潘國全

「天若有情天亦老。」

——李賀，《金銅仙人辭漢歌》

　　恆星之所以取名為恆星，是因為古時人們相信恆星永恆不變，象徵著完美與無限。然而事實上並沒有什麼東西是永恆不變與完美的，恆星也如同人一般有著生老病死，只是恆星的一生可能橫跨數百萬到數百億年[1]，遠多於你我的壽命，更長於人類的文明。

　　太陽是離我們最近的一顆恆星，目前的年紀約為 46 億年，天文學家預測它大概還可以再持續發光 50 億年以上。這麼長的時間，天文學家如何瞭解太陽是怎麼演化的呢？其他的星星與太陽到底有何不同？到底是什麼能量讓太陽能夠發光？為什麼有些星星看起來是不同的顏

---

1. 宇宙目前的壽命也只有約 140 億年。

色？對於太陽，我們可以假設太
陽系的地球與其他行星、小行星
是在類似的時間形成[2]，所以研究
地球內部的結構、隕石的成分等
都可以間接幫助我們瞭解太陽，
但這樣的研究方式卻沒辦法運用
到其他恆星。

▲ 圖 1　距離我們最近的恆星——
太陽 (Credits: NASA/SDO)

　　我們可以用統計的方式來瞭
解星星。假想你在觀察某一所小
學學生的身高分布，雖然學生之
間有高矮胖瘦等差異，但在不同年級的教室裡，可能會發現年級與學
生的身高呈現正相關分布。整體來看，愈高年級的學生身高愈高，所
以你不必等小學一年級的學生升到六年級，就可以推斷六年級學生的
平均身高比一年級學生高。觀察星星也是如此，而星星的命名中也有
類似的意味，好比說矮星（dwarf，又有侏儒的意思）與巨星（giant，
巨人）。

　　那星星的學校在哪裡呢？事實上，大部分的星星並不孤單，有很
多「雙星」或「三星」的系統，更有一種組成叫做「星團」，是由數百
到數百萬顆星星所組成的[3]。星團裡的星星，每顆都有不同的質量，
但卻在相近的時間一起誕生，而不同質量的星星有著不同的演化過程
和壽命。

2.詳情請參〈II-3 歷史悠久的行星芭蕾舞：太陽系的起源〉篇。

3.詳情請參〈V-6 生死與共的夥伴：雙星〉、〈I-9 熱鬧的恆星出生地：星團〉篇。

赫羅圖

　　丹麥天文學家赫茲普龍 (Ejnar Hertzsprung) 與美國天文學家羅素 (Henry N. Russell) 分別提出把恆星的光譜類型與光度[4]畫在一起的關係圖，後來命名為**赫羅圖**。天文學家發現這樣的關係圖對瞭解恆星演化非常有幫助：恆星的光譜類型同時代表著恆星的表面等效溫度，恆星愈藍代表溫度愈高（正所謂爐火純青，藍色的火焰比黃色的火焰高溫）。如果我們對不同的星團畫赫羅圖，可以發現不同年齡的恆星在赫羅圖上有不同的分布。天文學家發現大部分的年輕恆星都分布在圖中的對角線——那條稱作**主序星** (main sequence stars) 的地帶，而質量愈大的恆星位在愈靠近圖中左上的部分（高亮度、高溫度），且演化得愈快（壽命短）；質量愈小的恆星則愈紅、愈暗淡，位在赫羅圖右下方。

　　究竟是什麼讓太陽可以維持目前的亮度這麼多年呢？太陽的亮度約為 3.8×10^{26} 瓦特，每秒鐘所放出的能量比全人類整年所消耗的能量（約為 2×10^{13} 瓦特）還多。那麼高的能量到底是怎麼來的呢？當物理學家發現核反應以及愛因斯坦的 $E = mc^2$ 後，馬上就意識到太陽的能量是來自氫的核融合反應，而氫又是宇宙中最常見的一種元素[5]，因此可以推斷恆星最開始的光芒都來自於氫的核融合反應，只是不同質量的恆星因為壓力與溫度不同，氫的核融合有不同的反應速率，導致它們演化的速度不同。而氫燃燒完後，不同質量的恆星也因為重力造成的壓力不同而有完全不同的命運。概略來說，恆星依其質量可以分成三個種類：**極低質量恆星**、**低質量恆星**，以及**大質量恆星**。

---

4. 光度：luminosity，天體每秒從其表面所輻射出的總能量。

5. 詳情請參〈III-3 餘韻未絕的創世煙火：大霹靂〉篇。

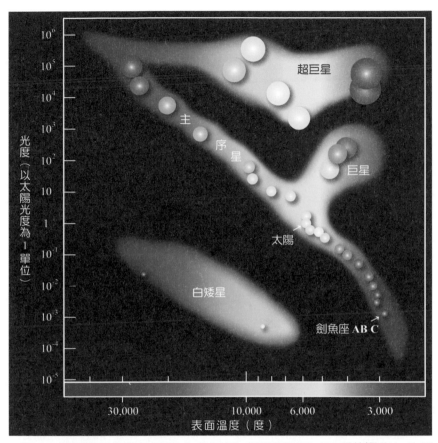

▲圖 2　赫羅圖是恆星的星等（或亮度）對光譜類型（或等效溫度）的關係圖，可以用來顯示恆星演化的過程。(Credits: ESO)

極低質量恆星

在極低質量恆星之中，質量介於約 10～80 倍木星質量[6] 之間的恆星又稱為**棕矮星** (brown dwarf)；質量小於這個範圍則稱為**次棕矮星** (sub-brown dwarf)；稍大一點則稱為**紅矮星** (red dwarf)。與太陽和一般的主序星不同，棕矮星因為重力微弱，核心內部的溫度和壓力不足以

6.木星質量約為太陽質量的千分之一或地球質量的 320 倍。

▼表 1　不同元素的核融合所需溫度

	反應溫度 (K)
氘核融合	$\sim 10^6$
鋰核融合	$\sim (2\sim3) \times 10^6$
氫核融合	$\sim (1\sim4) \times 10^7$
氦核融合	$\sim (1\sim2) \times 10^8$
碳核融合	$\sim (6\sim8) \times 10^8$
氖核融合	$\sim (1.2\sim1.4) \times 10^9$
氧核融合	$\sim (1.5\sim2.2) \times 10^9$
矽核融合	$\sim (3\sim4) \times 10^9$

點燃氫的核融合反應，因此內部主要是氘在進行核融合反應，只能發出非常微弱的光芒。次棕矮星的質量更小，連氘的核融合反應都無法點燃，有些天文學家甚至還在爭論次棕矮星與行星（譬如木星）之間如何劃分。

　　紅矮星的質量大約介於 0.08～0.5 倍太陽質量，而且表面溫度低於 4,000 K。紅矮星的質量小，溫度低，暗淡不易觀測，但數量龐大。目前估計銀河系中約有六、七成的星星屬於紅矮星。紅矮星的光和熱主要來自氫融合成氦[7]。目前恆星演化模型認為紅矮星是完全對流的，也就是核心產生的氦會對流至表面，使星球所有的成分均勻混合，延長反應時間。因此，理論上紅矮星的壽命非常長，目前普遍相信宇宙中所有的紅矮星都還沒有演化到下一個階段。如果紅矮星的氫燃燒完畢，將演化為一種目前仍未觀測到，純為理論預測的恆星——**藍矮星** (blue dwarf)。

──────────────
7.透過質子－質子連鎖反應，proton-proton chain。

低質量恆星

　　低質量恆星的質量大約介於 0.5～8 倍太陽質量之間。演化初期，低質量恆星主要是靠氫融合成氦的核反應；質量較小的恆星主要是透過質子—質子連鎖反應；而質量較大的恆星主要則靠**碳氮氧融合循環** (CNO cycle) 來產生氦。在核心燃燒氫的這個階段稱為主序星，太陽目前就處在主序星階段，其內部溫度高達攝氏千萬度。

　　數十億年後，恆星核心內的氫將逐漸用盡，轉變以氦為主，而核心外圍則有一層氫燃燒的球層。此時內部的溫度仍不足以點燃氦的核反應，在赫羅圖上的演化階段從主序星帶慢慢往上方偏移，進入**次巨星** (subgiant) 階段，它們與主序星有類似的光譜類型，但較為明亮。這個階段主要是燃燒氦核外面的氫層。由於恆星內部的核反應停止，核融合產生的能量無法對抗重力的坍縮，因此內部的氦核會漸漸轉變為量子簡併的狀態，核心慢慢縮小，溫度和密度則漸漸增加（溫度約為一億度），但外層反而漸漸冷卻膨脹而轉變為**紅巨星** (red giant)。

　　當核心內部的溫度最終達到足以點燃氦的核融合反應，使氦核心不再是簡併狀態而快速膨脹，此即**氦閃** (helium flash)。核心的氦透過**三氦過程** (triple-alpha process) 融合成碳，效率比氫的核反應高非常多。這時核心內部達到新的平衡，在赫羅圖上從紅巨星階段往左邊平行移動，稱為**水平分支** (horizontal branch)。如同氫一般，最終核心的氦也將用盡，進入**漸近巨星分支** (asymptotic giant branch)，此時恆星內部將再度變回簡併狀態而成為一顆**白矮星** (white dwarf)，而外層由於劇烈的恆星風不斷將物質吹出，形成**行星狀星雲** (planetary nebula)。低質量恆星的重力不足以使內部再度點燃碳的核反應。

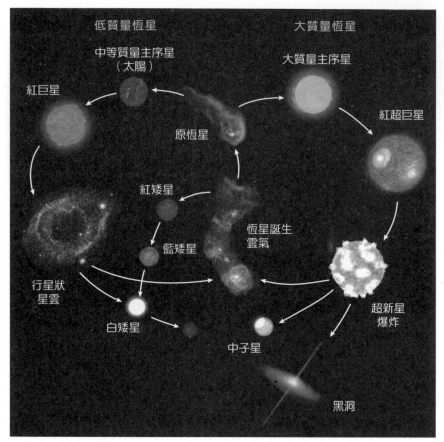

▲圖 3　生生不息的恆星演化生命循環 (Credits: star formation: NASA/JPL-Caltech/UCLA; proto-star: NASA/ESA/the Hubble Heritage Team (STScI/AURA)/IPHAS; sun, red dwarf, supernova explosion & neutron star: NASA; planetary nebula: ESO/VISTA/J. Emerson; red supergiant & black hole: NASA/Ames/STScI/G. Bacon)

大質量恆星

　　大於 8 倍太陽質量的大質量恆星，由於重力很強大，內部的氫燃燒完就只剩外層在燃燒，其溫度足以點燃氦的核反應，所以不會產生簡併狀態的核心，甚至可以一路燃燒下去，演化為**超巨星** (supergiant)。演化到最後，恆星內部會形成一個簡併的鐵核心，外圍

則如洋蔥般依序圍繞著矽、氧、氖、碳、氦與最外圍的氫。比鐵輕的元素可以透過核融合放出能量，但是鐵非常穩定，如果要融合出超過鐵的元素反而需要給予能量，因此大質量恆星的核融合反應只會達到鐵。簡併的鐵核是有質量上限的，當重力超過簡併壓力所能負擔的極限，核心會發生坍縮，形成**超新星**[8]。而在超新星爆炸後，依其質量與內部結構的不同分布可能留下一顆**中子星**或**黑洞**。

結語

　　不管是低質量恆星產生的行星狀星雲，或是大質量恆星產生的超新星殘骸，最終回歸宇宙中的雲氣會再度形成第二代的恆星，生生不息地循環下去。我們的太陽也註定在約 5 億年後慢慢演化成紅巨星，其體積將會膨脹，除了吞食水星和金星，甚至可能會把地球也吞沒，屆時人類必定要離開地球（如果那時人類還存在）。在進入紅巨星的階段之前，太陽演化至次巨星時，強烈的亮度會使地球升溫，溫度就像目前的金星，使地球不適合生物居住。幾億年看似還有好久，我們或許還不需要太在意，但在宇宙的某個角落，或許有某個文明正在經歷不得不離開母星的命運也說不定呢！

8.詳情請參〈I-5 來自星星的我們：超新星爆炸〉篇。

6 宇宙級交通事故：

星系碰撞

文／林俐暉

　　一般熟知的星系大致分為三大類：**橢圓星系**、**螺旋星系**以及**不規則星系**。橢圓星系顧名思義，呈現橢圓形態，在可見光波段看起來偏黃或偏紅，原因是這類的星系缺乏形成恆星所需的冷分子氣體，大多由古老恆星組成，年輕的恆星比例偏少。螺旋星系在盤面上有旋臂結構，中心的核球有的大、有的小，相較於橢圓星系，螺旋星系含有較

▲圖 1　大犬座中的兩個螺旋星系 NGC 2207 和 IC 2163 正處在碰撞過程。(Credits: NASA/ESA/the Hubble Heritage Team (STScI))

大量的氣體，平均的恆星年齡較小，因此顏色偏藍。另外還有部分星系因為沒有具體的結構而被稱作不規則星系。

不甘寂寞的星系

然而有極少部分的星系，並不是由單一星系組成，而是跟其他星系組合起來，呈現特殊有趣的面貌。例如「觸鬚星系」看起來像是一個愛心的形狀，兩邊伸出長長的觸角；「雙鼠星系」好似兩隻拖著長長尾巴的小老鼠在追逐嬉戲。

西元 1970 年代，天文學家圖莫兄弟 (Alar Toomre, Juri Toomre) 利用電腦模擬出當兩個星系相互碰撞時，能夠產生類似「觸鬚」以及「雙鼠」之類星系的尾巴特徵，說明了許多這一類的天體，正處在星系交互作用的階段。另外「車輪星系」的環狀結構以及「渦狀星系」的漩渦結構，也都是因為和旁邊的小星系碰撞而產生的特殊景象。

星系碰撞會發生什麼事？

星系碰撞的效應大小取決於許多因素，包括兩個星系的質量大小比例、運動軌跡、氣體含量以及星系的形態等。在某些特定的情況下，星系碰撞會造成巨大的反應，形成十分特殊的星系與壯觀的天體現象。例如在低紅移[1]宇宙中，大多數的超亮紅外星系即是由兩個氣體與塵埃含量豐富的螺旋星系對撞，進而產生大量的新恆星，其發出的紫外光被塵埃吸收，然後在長波段放射出來，因此以紅外光波段觀測時顯得特別耀眼。另外，天文學家們也發現，星系碰撞會促使氣體流向星系中央，除了激發恆星形成，很可能也會提供星系中心的巨大黑洞足夠多的「養分」，促使黑洞活動，形成所謂的**活躍星系核**[2]。

1.詳情請參〈IV-5 遠近有譜：都卜勒效應和宇宙紅移〉篇。

2.詳情請參〈V-8 內在強悍的閃亮暴走族：活躍星系〉篇。

◀圖 2　觸鬚星系。由兩個正在碰撞的星系所組成，在星系碰撞的劇烈過程中，氣體被帶往兩個星系的核心，大量恆星因而誕生。(Image data: Subaru/NAOJ/NASA/ESA/Hubble/ R. W. Olsen; processing: F. Pelliccia/R. W. Olsen)

◀圖 3　哈伯太空望遠鏡所拍攝的雙鼠星系，又名 NGC 4676。這兩個星系因受重力作用靠近而相互牽扯，形成類似「長尾巴」和連接兩個星系的「橋樑」。(Credits: NASA/ H. Ford (JHU)/the ACS Science Team/ ESA)

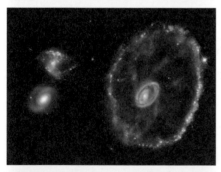

◀圖 4　車輪星系外圍有一圈光環，就像是車輪的形狀。天文學家認為過去有個小星系從車輪星系正面穿過，使得星系內的氣體向外推擠，因此產生環狀的結構。(Credits: ESA/NASA/Hubble)

◀圖 5　距離地球約 2,300 萬光年的渦狀星系，旁邊有個矮星系正在與其進行交互作用。(Credits: NASA/ESA/S. Beckwith (STScI)/the Hubble Heritage Team (STScI/AURA))

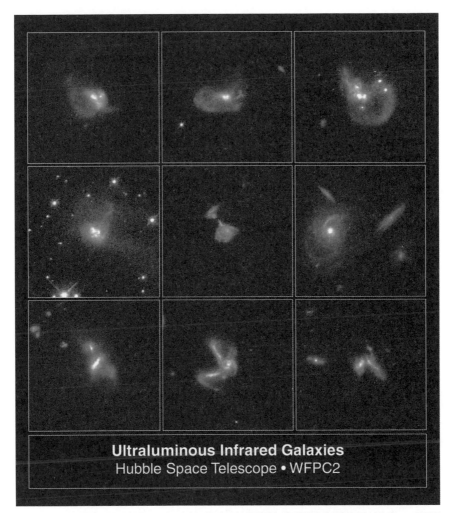

Ultraluminous Infrared Galaxies
Hubble Space Telescope • WFPC2

▲圖 6　超亮紅外星系。在哈伯太空望遠鏡的高解析度觀測影像中，顯現出大部分的系統都有兩個以上的星系正在進行交互作用，印證了理論的預測：星系在某些碰撞過程中會促使大量的恆星形成。(Credits: NASA/K. Borne (Raytheon and NASA Goddard Space Flight Center, Greenbelt, Md.)/L. Colina (Instituto de Fisica de Cantabria, Spain)/H. Bushouse and R. Lucas (Space Telescope Science Institute, Baltimore, Md.))

各類星系之間的關聯性一直是研究星系的天文學家熱烈探討的課題之一，有些天文理論研究指出，星系碰撞很可能是產生橢圓星系的主要途徑。先前所提到的天文學家阿拉・圖莫 (Alar Toomre) 在西元 1977 年就已提出橢圓星系是由兩個螺旋星系碰撞後所形成的產物。而數十年來已有眾多星系交互作用的模擬顯示，星系在劇烈碰撞之後，原有的螺旋臂膀與盤面會被扯散，而氣體或被拋出、或在大量恆星形成之後被用盡，之後星系的結構會重組，形成橢圓星系。

星系碰撞有多罕見？

宇宙如此浩瀚，星系碰撞的可能性有多高呢？其實大多數的星系並不孤單。以星系的大小比上所處環境的星系數量密度，星系相遇的機率甚至比恆星相撞的可能性高出許多，因此星系在它的一生中多多少少有機會能遇上另一個星系，甚至發生碰撞事件。我們的本銀河系就有不少星系鄰居，統稱為本星系群。其中最大的螺旋星系即是仙女座星系 (M31)，距離地球約 250 萬光年，質量約為本銀河系的兩倍左右。仙女座星系目前正以每秒 110 公里的速度朝本銀河系前進，根據科學家的理論推測，仙女座星系很可能在 40 億年後就會跟本銀河系相撞，最後合而為一，變成橢圓星系。

由於宇宙一直處在膨脹的過程，科學家們估算星系碰撞的頻率在早期宇宙比現今更高。然而隨著宇宙時間演化，星系的樣貌和特性不斷在演變，星系碰撞的種類也隨著宇宙年齡而有所不同。舉例來說，早期的宇宙星系碰撞大多發生於類似螺旋星系的天體之間；愈到晚期，則有愈多的星系碰撞發生在兩個橢圓星系之間，甚至也有一個橢圓星系與一個螺旋星系對撞的情況。無論如何，星系碰撞在星系一生的演化中扮演著極為重要的角色。

7 浪跡天涯的星際漫遊者：
宇宙射線

文／高仲明

　　地球每時每刻都在接受來自宇宙的各種贈禮，像是太陽的光與熱、遠方漂亮星雲的可見光等。然而可見光只占電磁波譜中的一小段，電磁波譜中還有無線電波、微波、紅外線、紫外線、X 射線、伽瑪射線等，每種波段都呈現出宇宙的不同面貌。除了這些電磁輻射之外，來自宇宙中的物質也不斷降臨地球，如隕石、塵埃等，還有一度被誤認為是高能電磁輻射的宇宙射線。

不尋常的游離輻射：發現宇宙射線的契機

　　20 世紀初，科學家發現密封的驗電器依然會漏電，當時的人們懷疑這是泥土與空氣的自然放射性物質產生游離所導致的現象。1911～1913 年間， 赫斯 (Victor Hess) 帶著驗電器坐熱氣球升上高空進行觀測，發現從地面至 1～2 公里高的天空之間，自然放射性物質的游離量的確隨著高度上升而減少；但在更高的高空中情況卻恰恰相反，游離量隨著高度上升而增加。赫斯原先懷疑在 2 公里以上的高空觀測到游

▲圖1　赫斯（中）在 1912 年進行的一次熱氣球實驗。他曾乘坐熱氣球飛到距離地面超過 5 公里的高空進行觀測。(Credits: CNRS Photothèque)

離量增加是太陽輻射所造成，但後來又發現無論有沒有日食，觀測結果都沒什麼差異，因此排除了這個可能性，認為游離輻射源應該來自地球以外的太空，而且與太陽無關。

現在我們已經知道這些輻射源——**宇宙射線** (cosmic ray)——來自太陽系外的遠方。赫斯因為這個發現獲得了 1936 年的諾貝爾物理獎，至於宇宙射線這個名詞，則是密立根 (Robert Millikan) 在 1926 年命名的。

宇宙射線是什麼？

宇宙射線泛指來自地球以外的高能帶電粒子，如質子、電子、少量原子核、正電子、反質子等，有時也包括高能之伽瑪射線、微中子、中子等不帶電粒子。這裡主要談帶電的宇宙射線。宇宙射線的研究初期都與高能物理和粒子物理有關，但 1950 年代後加速器的發展提供了穩定的高能粒子源，使宇宙射線的研究漸漸轉向天文學的相關問題。

一般而言，粒子能量高於 10^9 電子伏特[1]的宇宙射線來自太陽系之外，甚至是銀河系之外。當高能宇宙射線打到地球大氣時會產生很多能量較低的次生粒子，這些次生粒子可能又會繼續產生下一代的次生粒子，這種過程稱為**空氣射叢** (air shower)。這些空氣射叢的粒子就

1.電子伏特：electron volt，縮寫為 eV，為能量單位。一電子伏特等於 1.6×10^{-19} 焦耳。

是赫斯所觀測到的游離輻射來源。在海平面上，平均每平方公分的面積每秒鐘大概會有一顆粒子穿過，所以我們的身體每秒鐘都被不少粒子穿過。目前的技術可以把儀器放在氣球或人造衛星上，直接偵測粒子能量低於 10^{14}～10^{15} 電子伏特的宇宙射線；至於能量更高的宇宙射線，只能在地面設立大型觀測站，透過偵測空氣射叢的粒子，間接推測其原始能量及其他特性。

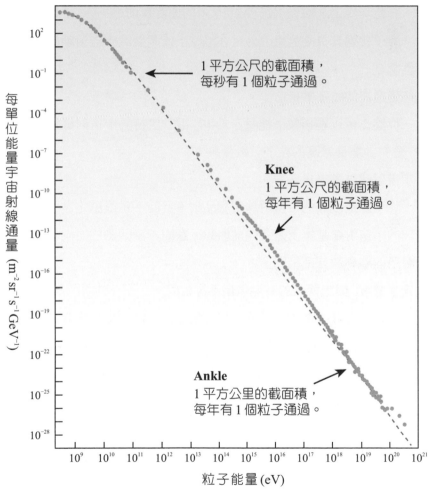

▲圖2　宇宙射線能譜 (Reference: NASA/GSFC)

宇宙射線的性質

　　一般而言，宇宙射線給人的印象就是具有很高的能量。有史以來偵測到最高能量的宇宙射線，其能量約為 3×10^{20} 電子伏特，大概相當於一顆保齡球從桌上掉到地上時所擁有的動能。這麼多的能量集中在比原子還小的一顆粒子上，這是很驚人的。不過它的動量卻少得可憐，好比一隻三趾樹懶以每秒 40 奈米的速度在前進。

　　除了普遍具有高能量之外，在地球上偵測到的宇宙射線還有哪些特性呢？

⑴能量愈高的粒子數量愈少。

　　從圖 2 可以看出粒子能量高於 10^9 電子伏特的宇宙射線能譜呈冪律[2]分布，能量愈高的粒子，數量愈少。

⑵宇宙射線粒子來自各方。

　　除了能量極高的宇宙射線因樣品數不足而不是很確定之外，到達地球的宇宙射線基本上是各向同性的，意即不論觀測的方向為何，對於粒子的觀測數據都相同。

⑶元素豐度[3]與太陽系的有點像但不盡相同。

　　在宇宙射線中氫占大部分，其次是氦，其餘的都是少數，這與太陽系相同，但它們還是有差異。譬如宇宙射線的氫與氦分別跟矽的比值，跟太陽系的相比較小；而宇宙射線的鋰、鈹、硼分別跟矽的比值，則比太陽系的大得多。

2.冪律：兩變量之間存在冪次方的函數關係。

3.元素豐度：該元素與矽元素的相對含量比值。矽的元素豐度設定為100。

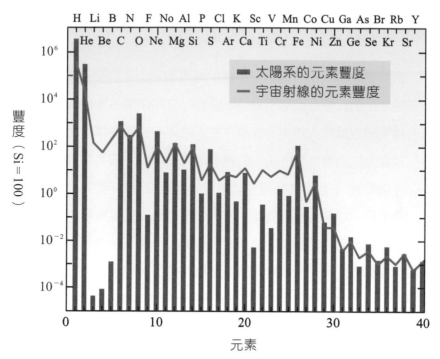

▲圖 3　宇宙射線與太陽系的元素豐度 (Reference: NASA/GSFC)

⑷在地面偵測到的數量與太陽活動有關。

　　從中子監測器的長期紀錄可以發現，高能粒子的數量與太陽黑子數目一樣有 11 年的週期變化。只是當太陽黑子增加的時候，高能粒子的數量會減少；而當太陽黑子減少的時候，高能粒子的數量則會增加。

　　從發現宇宙射線至今，已經過了一個世紀之久，人們對於宇宙射線還是充滿了好奇。為什麼它們的能量會那麼高？它們的出生地在哪裡？它們如何跑到地球來？它們對其他天體有什麼影響？它們在星際物質[4]以及星系際介質 (intergalactic medium) 的生態系中扮演什麼角色？在研究這些問題前，我們必須先瞭解宇宙射線與其他物質有哪些交互作用。

4.詳情請參〈II-8 蒼芒星空的輪迴：星際物質〉篇。

宇宙射線與電漿態物質的交互作用

由於宇宙中大部分的物質都處於電漿態[5]，而宇宙射線絕大部分是帶電的，因此彼此間能透過電磁場進行交互作用。在宇宙這麼大尺度的環境裡很難有大規模的電場存在，就算有也會很快使得正、負電荷互相靠近而抵消；但大規模的磁場卻可以存在，因為在自然界中並不存在磁單極[6]，因此磁場是宇宙射線與電漿交互作用的主要媒介。

帶電粒子遇到磁場會轉彎。不過埋在星際物質電漿裡的磁場並不均勻，有很多紊亂的擾動，這是**星際紊流**的一部分。當宇宙射線與這些磁場擾動發生作用，會隨著電漿移動並擴散。有趣的是，宇宙射線分布不均時也會激發磁場擾動，因此電漿、宇宙射線、磁場相互影響，形成一個複雜的系統。

太陽風[7]會將太陽磁場帶到行星際空間，再到達太陽系外圍。這些磁場把部分宇宙射線（尤其是能量較低的）擋在外面，讓它們沒有那麼容易進入太陽系內部。太陽表面的黑子數目變化代表太陽磁場活動的變化，太陽磁場愈強則黑子數目愈多，這時太陽風帶到太陽系外圍的磁場愈強，擋住宇宙射線的效能也愈高，於是在地球上偵測到的高能粒子數量就愈少。

銀河系存在大規模的磁場。除了極高能的宇宙射線（能量超過 3×10^{18} 電子伏特）外，其他宇宙射線在銀河系磁場的影響之下會轉來

5. 也就是大部分原子已經游離成正離子與電子的狀態。

6. 磁單極：理論上僅帶有 N 極或 S 極的基本粒子。自然界中的磁性物質無論如何分割都會同時保有 N、S 極，因此天然的磁單極並不存在。

7. 太陽風：solar wind，從太陽外側大氣層快速流出的帶電粒子流。其他恆星也會出現類似的帶電粒子流，稱為恆星風。

轉去、迷失方向，因此在地球上看到的宇宙射線從四面八方來，這也使得尋找宇宙射線的出生地有困難。其實觀測結果顯示，就算是極高能的宇宙射線也沒有明顯的方向性。雖然宇宙射線受磁場束縛，在銀河系裡繞來繞去，但它們也可以因磁場擾動而擴散到銀河系邊緣，繼而逃離銀河系。

　　從出生地來的宇宙射線稱作**原生宇宙射線**。星際物質或大氣有大原子序的原子核，當這些原子核被原生宇宙射線撞到後會分裂破碎，形成小原子序的**次生宇宙射線**，如大氣的空氣射叢。這個過程使星際物質中非常稀少的鋰、鈹、硼成為次生宇宙射線中的重要成分。從一些次生宇宙射線與原生宇宙射線的數目比值，可估算出宇宙射線在銀河系逗留的時間，約為 1,000 萬～2,000 萬年。這表示銀河系要不斷產生宇宙射線才能維持穩定的量，那麼誰有足夠的功率達成任務呢？目前相信是銀河系的超新星。

　　一般認為能量在 10^{15} 電子伏特以下的宇宙射線是由銀河系的超新星遺骸所產生的；10^{15}～3×10^{18} 電子伏特的高能宇宙射線很可能是在銀河系裡產生的，但成因還不確定；至於 3×10^{18} 電子伏特以上的極高能宇宙射線，其成因則眾說紛紜，但大概是在銀河系外產生的。宇宙射線的能譜相當陡峭，以總能量的分布來說，絕大部分的能量是由能量較低的宇宙射線貢獻，而這些宇宙射線是超新星遺骸透過震波加速機制產生的。由於帶電粒子感受到的磁力方向垂直於它的運動速度方向，所以磁場不能直接改變帶電粒子的動能，但磁場變化時卻可以透過電磁感應生成的電場來增加或減少帶電粒子的動能。

　　星際磁場會不斷出現擾動，高能帶電粒子與這些磁場擾動產生的交互作用可能很複雜，但結果可以簡略為：粒子進入擾動區，經過一

番糾纏後從另一方向逃出，再進入另一擾動區，如此周而復始，可稱為**散射**。就像彈珠在彈珠臺上不斷於障礙物之間行進，而那些障礙物同時不斷在移動。這個散射過程就是宇宙射線可以在電漿中擴散的原因。震波是一個不連續的流場，流體在震波上游以超音速進入，再以亞音速流到震波下游，也就是上游速度快，下游速度慢。整體來說，埋在上、下游磁場擾動區中相互靠近、能量不高的帶電粒子在這個環境下會不斷提高能量，最後變成宇宙射線。就像乒乓球在兩支相互靠近的球拍之間彈來彈去，速度不斷增加，這稱為**震波加速**。

▲圖 4 超新星遺骸 SN 1006 的 X 射線影像。兩塊明亮區域是超新星遺骸的震波，從 X 射線能譜可以知道這是很高能的電子在磁場中產生的同步輻射，是震波加速的證據。其他藍色的區域是一般的 X 射線熱輻射。(Credits: E. Gotthelf (Columbia University), ASCA Project, NASA)

宇宙射線的能量密度與星際物質裡各種狀態的氣體、磁場等息息相關，加上宇宙射線有很強的游離能力，它們在星際物質的生態和動力學上都扮演著一定的角色，如：對超新星遺骸震波的反饋、驅動星系風、協助形成星系磁場、游離與加熱分子雲、影響恆星形成、驅動分子雲產生某些複雜的化學反應等。

此外，高能質子碰到星際物質會產生 π 介子[8]而衰變為伽瑪射線；高能電子也可以：

8.介子是參與強交互作用的一種基本粒子，π 介子是介子的其中一種，由一個夸克和一個反夸克組成。

⑴透過逆康普頓散射[9]將被撞擊的光子能量提高到伽瑪射線等級。

⑵透過非熱制動輻射[10]產生 X 射線。

⑶透過磁場產生同步輻射（無線電波及微波）。

　　這些輻射使這個世界更加五彩繽紛，與之相關的許多現象都是有趣而值得探討的問題。

9.關於康普頓散射與逆康普頓散射的說明，請參〈I-7 宇宙中的巨無霸部落：星系團〉篇註 5。

10.天體的輻射機制可粗略分為熱輻射與非熱輻射。熱輻射指產生輻射的粒子是處於熱平衡狀態（如熱電漿），而非熱輻射則表示粒子並非處於熱平衡狀態（如宇宙射線）。非熱制動輻射是非熱平衡粒子（一般是電子）所產生的制動輻射。關於制動輻射的說明，請參〈I-7 宇宙中的巨無霸部落：星系團〉篇註 3。

8 蒼茫星空的輪迴：
星際物質

文／賴詩萍

宇宙空間浩瀚而空曠，但在恆星與恆星之間的巨大空間，卻不是全然空無一物，而是存在著密度較低的**星際物質**。星際物質雖然稀薄，但總質量可達銀河系的 10～15%，其中 99% 的質量為氣體（包含原子、分子、離子、電子），1% 為塵埃（細小的固體物質），溫度可低到絕對溫度 10 K，也可高達數千萬度，在高溫區域可以電漿的狀態存在。星際物質的元素組成約有 90% 是氫（包含中性氫及電離氫）其次有 10% 是氦，以及其他微量的元素。除了一般的物質以外，電磁輻射、宇宙射線及星際磁場也常常被當成廣義的星際物質組成。

星際物質聚集較多的地方，常被稱為**星雲** (nebula)，常見絢麗的天文影像多半是星雲的照片。18 世紀以前，天文學家認知的宇宙，大多只包含在天空中有固定位置的恆星、在恆星間穿梭的行星，以及偶然出現帶有尾巴的彗星，只有少數天文學家曾注意到「與星星沒有聯繫的雲氣」。法國天文學家梅西爾 (Charles Messier) 在尋找彗星時，發現有許多不會動的雲霧狀天體，為了避免這些天體被誤認為新彗星，

梅西爾在 1781 年發表了梅西爾星表，其中共包含 103 個天體，這些天體不只有星雲，也有星團與星系。

星雲的種類

　　星雲可以根據不同的表象與來源分成很多種，以下是常見的種類：

⑴發射星雲：

　　星雲內包含年輕或高質量的恆星，其輻射能激發星雲中的氣體而放出光，例如獵戶座大星雲。

⑵反射星雲：

　　本身缺乏光源，主要的光源來自本身的灰塵反射附近恆星的輻射，例如獵戶座中的 M78 星雲。

⑶超新星殘骸：

　　大質量恆星在演化末期會從核心爆炸，產生超新星[1]。恆星外層的物質向外擴展，形成超新星殘骸，如 HBH 3。

⑷行星狀星雲：

　　中低質量的恆星，在演化末期不會形成超新星，而是會藉由恆星風把恆星外層往外吹。這些氣體在以古代的小望遠鏡觀看，形狀類似行星，但其實與行星沒有關連，如貓眼星雲。

⑸黑暗星雲：

　　星際中的雲氣經由重力聚集，形成密度較高的星雲，其內部高密度的塵埃吸收了背景光線，因而呈現黑暗的狀態。黑暗星雲的內部溫度極低，氫原子會轉化為氫分子，因而又稱為**分子雲**，如馬頭星雲。

1.詳情請參〈I-5 來自星星的我們：超新星爆炸〉篇。

▲圖 1　獵戶座大星雲 (Credits: NASA/ESA/M. Robberto (Space Telescope Science Institute/ESA)/ the Hubble Space Telescope Orion Treasury Project Team)

▲圖 2　獵戶座中的反射星雲 M78 (Credits: ESO/I. Chekalin)

▲圖 3　超新星殘骸 HBH 3 (Credits: NASA/JPL-Caltech/IPAC)

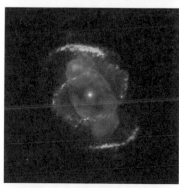

◀圖 4　貓眼星雲 (Credits: X-ray: NASA/UIUC/Y. Chu et al.; optical: NASA/HST)

◀圖 5　馬頭星雲 (Credits: K. Crawford)

星際物質的組成與重要性

　　星際物質內部的物理及化學過程對銀河系的物質循環極為重要。無論是緩慢或劇烈的過程，物質回歸星際的時候，都會將核融合產生的能量注入到星際間，使得星際物質的動能增加而產生**紊流**，過程中也啟動了許多化學反應，這些物理、化學的反應能產生並維持星際物質在不同尺度下的複雜結構。以下根據星際物質的組成狀態，介紹其性質與重要性。

銀河系的物質循環過程

在黑暗星雲內部最冷的地方，物質經由重力聚集形成恆星[2]。在恆星生命期中大部分的時間，物質鎖在星球內部，而恆星中心的核融合反應，會將較輕的元素轉成較重的元素。一部分的物質會以恆星風的方式，較緩慢而持續地回歸到星際中；在較重的恆星的演化末期，劇烈的超新星爆炸也會將物質釋放回星際間。

⑴分子氣體：

　　星際物質含有分子是在 1930 年代才被確認的，最早被發現的分子是次甲基 (CH)。天文學家在恆星的可見光光譜中，發現有不隨恆星運動移動的吸收譜線[3]，因此判斷這種譜線是由介於地球與恆星之間的物質所產生的。星際物質中含量最多的氫分子 (H_2)，直到 1970 年才從大質量星球的遠紫外線光譜中被發現；含量第二豐富的一氧化碳 (CO) 也在 1971 年從星球的紫外線吸收譜線被發現。

2.詳情請參〈II-4 無中生有的艱難任務：恆星的誕生〉篇。

3.詳情請參〈IV-5 遠近有譜：都卜勒效應和宇宙紅移〉篇。

然而更多的分子是經由無線電波發現的，因為分子的鍵結在高溫狀態下容易被破壞，所以分子多半存在低溫的黑暗星雲中，而黑暗星雲會吸收大部分的可見光及紫外線，只有紅外線及無線電波能穿透。可惜氫分子本身因對稱的分子結構無法發出無線電波，不能直接觀測到，因此 CO 便成為探索分子雲的主力，因為分子雲中的 CO 與 H_2 有固定的比例關係，測量到 CO 就等於測量到 H_2。此外，經由都卜勒效應，我們可以得到分子在視線方向上的速度，並用來與理論預測值比較。經過大規模的 CO 觀測，天文學家發現分子雲如同一片薄餅集中在銀河盤面，在太陽附近的厚度大約 450 光年。

到 2018 年為止，已經有 16 種元素所組成的 204 種分子被發現，包括一些有趣的分子，例如：糖、酒精、醋等。不過天文學家最感興趣的，還是跟生物有關的分子，儘管有些跟生命有關的有機分子已經被發現，天文學家仍在搜尋蛋白質存在的證據。

⑵中性原子氣體：

宇宙中含量最多的元素是氫，中性氫在宇宙中的存在可利用氫原子譜線探測。以恆星的譜線為例，存在於我們與恆星之間的中性氫氣體會吸收部分光子，而在恆星光譜上顯現出吸收譜線。這樣的吸收譜線也會在活躍星系核[4]的光譜出現，顯示在星系與星系之間也有中性氫存在。

在本銀河系裡的中性氫，主要是以波長 21 公分的發射譜線進行探測。因為這種波長 21 公分的無線電波被氫原子再吸收的機率非常低，可以讓我們看到整個銀河系的結構：銀河系的中性氫存在的區域可達距離銀河中心 10 萬光年遠的地方；在太陽附近的銀河盤面，中性氫的厚度約為 750 光年；而銀河系中心有棒狀結構，並有數條旋臂。

4.詳情請參〈V-8 內在強悍的閃亮暴走族：活躍星系〉篇。

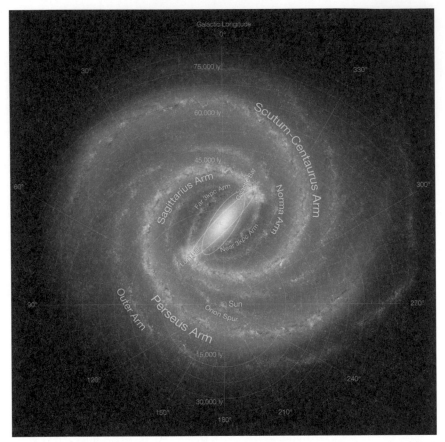

▲圖6　藝術家想像的銀河系結構。白色的旋臂主要由氫原子 21 公分譜線
的觀測結果推測而得，紅色部分是電離氫區。 (Credits: NASA/JPL-
Caltech/ESO/R. Hurt)

⑶溫暖的游離氣體：

　　銀河系裡的大質量恆星（O/B 型恆星）有足夠強的輻射能游離氫
原子，形成**電離氫區**。在電離氫區內的氫離子與電子處於高溫的電漿
狀態，溫度約為 10,000 K，當電子碰撞到氫離子時，會在光譜上產生
所有的氫原子譜線，其中最容易被觀測到的是在可見光波段的 H α 譜
線，波長為 656.3 奈米，呈現紅色。年輕的大質量恆星形成區（如圖
1 獵戶座大星雲的中心），也會形成電離氫區。

▲圖 7　玫瑰星雲 (NGC 2244) 是典型的電離氫區。(Credits: A. Fink)

⑷**熱的游離氣體**：

　　極高溫的游離氣體，溫度可達百萬到千萬度，其密度極為稀薄，每立方公分大約只有 10^{-2} 個粒子。銀河系到處都被這樣的氣體包圍，稱為**銀冕** (galactic corona)。在這樣的高溫下，會產生 X 射線。據推測，這些高溫氣體是由超新星或極大質量的沃夫一瑞葉星[5]的恆星風所產生的。高溫氣體比較不受銀河系的重力束縛，因此本銀河系的銀冕半徑可達 30,000 光年，比中性氫與分子雲的尺度更大。

⑸**星際塵埃**：

　　星際塵埃為星際物質中固體物質的統稱，其大小約為 0.1～1 微米，主要成分為矽、石墨及其他微量重元素，這些重元素是過去超新星爆炸時從星球內部釋出的。星際塵埃在分子雲內部的含量較高，因此較容易顯現出它吸收輻射的特性。

―――――――――――

5.沃夫一瑞葉星：Wolf-Rayet star，簡稱 W-R star，是超大質量恆星演化過程中經歷的一個階段，具有強烈的恆星風，會把恆星外層逐漸剝離。

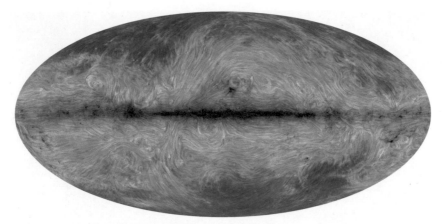

▲圖 8　普朗克衛星測量全天的磁場分布 (Credits: ESA/the Planck Collaboration)

⑹宇宙射線：

　　宇宙射線是在太空中穿梭的高能粒子，其組成有 90% 為質子，9% 為氦原子核，1% 為電子，也包含少量的正電子、反質子、微中子等次原子粒子。科學家推測其能量來自超新星爆炸以及與星際磁場的交互作用。地球其實時時刻刻都被宇宙射線轟炸，但大多數的宇宙射線會被地球的磁場阻擋[6]。

⑺磁場：

　　星際空間中存在著微弱的磁場，其來源尚未被完全瞭解。在銀河盤面中性氫氣體存在的區域，磁場大小約為幾個微高斯 (µG)；在分子雲中則可達數個毫高斯 (mG)[7]。雖然磁場強度不高，有些天文學家相信磁場對恆星的形成有決定性的影響。

---

6. 詳情請參〈II-7 浪跡天涯的星際漫遊者：宇宙射線〉篇。

7. 微高斯 (µG) 和毫高斯 (mG) 均為磁場強度單位， 地球表面的磁場強度大約 0.25～0.65 高斯，是星際磁場的上百倍。

9 遮掩天文學發展的兩朵烏雲：
暗物質與暗能量

文／陳江梅

　　最近幾十年來，由於觀測技術快速發展，天文學和宇宙學已經進入可以被精確驗證的時代。然而新的觀測結果卻與我們目前對自然界的認知及現有理論的預期有很大的差異，其中最令人感到意外的結論就是**暗物質** (dark matter) 和**暗能量** (dark energy) 的存在。這兩朵烏雲帶給科學家極大的困惑和嚴峻的挑戰，也顯示出我們目前對自然界認知的不足之處。但如果從另一種角度來看待，新的挑戰也是更新認知、開拓視野的關鍵機會。回顧歷史，科學上的重要進展絕大部分都是經由解決關鍵難題開始，進而促進人類文明的提升。

　　天文學研究的目標是天體（星球、星系等）的運行和演化，而天體中支配星球運行的關鍵作用力是重力，或稱萬有引力。一般情況下，考慮牛頓的萬有引力定律已經足夠精確，並不需要使用到廣義相對論；但是研究宇宙如何誕生、演化的宇宙學，就不能不考慮相對論的效應。

星星為何不會像蘋果一樣向下墜落？

　　仰望夜空繁星，人類對於天體中的星球如何運行一直充滿好奇心。人類一直在思考：地球上的物體都會向下掉落，天上的星星為什麼不會掉下來？一開始的想法是，天上的星星與地球上的物體分別遵循不同的自然法則運作，從而導致「不同」的運動結果。直到牛頓建立了古典的力學系統，這個問題開始有了正確的解釋。在牛頓的理論中，無論是天上的星星還是地球上的物體，都一樣受到重力作用[1]，也遵循相同的牛頓三大運動定律。

　　既然一樣受到重力作用，為什麼星星不會掉下來呢？以我們熟悉的太陽系為例，行星都受到太陽的引力作用[2]。雖然太陽的引力會吸引行星，但是行星已經繞著太陽運行千萬年了，並沒有掉到太陽上，這是因為繞行太陽的圓周運動（精確來說是橢圓軌道）是一個非慣性系統，所以有相對應的非慣性力（離心力）作用，其方向與太陽重力作用所產生的吸引力剛好相反，當這兩個力的大小相同，就能互相抵消，使行星在幾乎固定的軌道上運行。

　　根據牛頓的萬有引力定律，重力大小與行星和太陽的質量成正比，與兩者之間的距離平方成反比。而牛頓運動第二定律又指出：行星作圓周運動的離心力大小，與其繞行的速度平方成正比，而與距離（即軌道半徑）成反比。基於上述，我們可以得出結論：愈靠近太陽的行星向心力（受太陽吸引的重力）愈大，因此繞行太陽的速度必須愈快，產生的離心力才足以平衡太陽吸引的重力。

---

1. 依據牛頓的萬有引力定律。

2. 行星之間的引力與太陽的引力相比很小，可以忽略不計。

同樣的原理可以推廣到螺旋星系中的恆星運行。不同於太陽系中主要的重力來源是太陽，可忽略行星之間的引力；在星系中，恆星之間所產生的重力不可被忽略，因此所有恆星的分布情況對於其中任一顆恆星來說，都是影響其運行的重要因素。透過天文觀測，螺旋星系中的恆星大致上在離中心一定距離的範圍（以下稱為主要分布範圍）內均勻分布，根據重力的特性，一個恆星受到的重力大小與其運行軌道內所有恆星的質量成正比，而與軌道的半徑平方成反比。理論上，天文學家對於螺旋星系中恆星運行速度分布的預測如圖 1。

⑴對於位在主要分布範圍內的恆星而言：

由於運行軌道內的總恆星質量與分布範圍的體積（也就是半徑的三次方）成正比，所以恆星運行的離心加速度必定與軌道半徑成正比，意即軌道半徑愈大，恆星運行的離心加速度愈大。加上前面提過，恆星的離心加速度與其繞行速度的平方成正比、與距離（即軌道半徑）成反比，因此可得到恆星的速度正比於其半徑的線性關係。

⑵對於位在主要分布範圍之外的恆星而言：

其軌道內的質量大致上是固定不變的，也就是對這類恆星而言，其離心加速度與軌道半徑的平方成反比，所以它運行的速度會跟軌道半徑的平方根成反比；意即半徑愈大，速度愈小。

遮掩探究之路的第一朵烏雲：暗物質

然而，實際觀測的結果發現，外圍恆星的運行速度並沒有隨著半徑增加而變小，大致上反而保持不變，代表離心加速度比理論上所預期的更大。換句話說，這些恆星所受到的重力作用比預期的還要大很多，這意味著還有其他物質在對恆星施加重力。由於我們並未實際觀測到這些物質，所以將之稱為**暗物質**。據估計，這些看不見的物質，

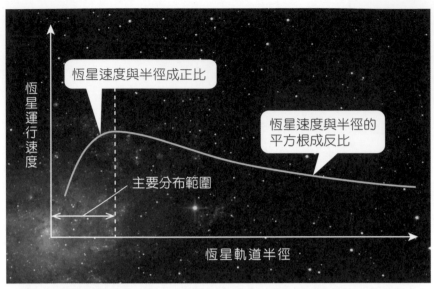

▲圖 1 螺旋星系中恆星運行速度與軌道半徑的關係預測示意 (Image Credits: Shutterstock)

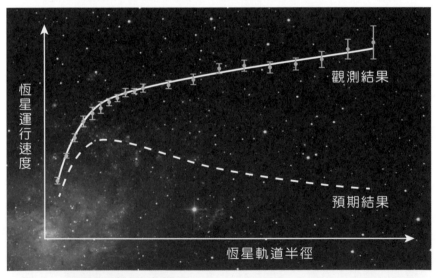

▲圖 2 理論和觀測的結果 (Reference: Mario De Leo; image credits: Shutterstock)

質量竟然比看得見的恆星大 10 倍，所以不可能是被我們忽略的不會發光的行星。至於這些暗物質的本質是什麼？這是目前遮掩人類探究自然界的一朵烏雲。

看不見的強大反對勢力：暗能量

科學家所面對的另一朵烏雲來自於對宇宙演化的觀測結果。在宇宙演化的過程中，最關鍵的因素就是萬有引力。萬有引力作用不像電磁作用，因為電荷可以是正或負，所以電磁力也可能是吸引力或是排斥力；然而就目前所知，物質產生的萬有引力只可能是吸引力。1929年，哈伯從觀測遙遠星系的光譜中發現所有星系都在遠離地球所導致的紅移效應，而且遠離的速度與跟地球的距離成正比，這個結果便驗證了宇宙正在膨脹的觀點[3]；換言之，愈早期的宇宙，其大小愈小。我們的宇宙是在距今約 138 億年前，經由一場巨大的爆炸而產生的密度極大、溫度極高的狀態，這場大爆炸提供宇宙膨脹的初始速度——這就是**大霹靂**理論的基本看法。隨著宇宙的膨脹，宇宙逐漸冷卻下來。1964 年，兩位天文學家偶然間觀測到一個相當均勻的電磁輻射，其特性與絕對溫度 2.725 K 的黑體輻射相符合，稱為宇宙微波背景[4]，這便是大爆炸所遺留下來最直接的證據。

因為萬有引力只能是吸引力，縱使宇宙在大霹靂時獲得極大的初始速度，但在重力吸引的作用下，照理說宇宙膨脹的速度應當愈來愈小，以減速膨脹演化。然而隨著觀測技術的進步，科學家已能分析出

3.詳情請參〈III-2 解放無限蒼穹的想像：哈伯定律〉、〈IV-5 遠近有譜：都卜勒效應和宇宙紅移〉篇。

4.詳情請參〈III-3 餘韻未絕的創世煙火：大霹靂〉、〈III-4 早期宇宙的目擊證人：宇宙微波背景〉篇。

星系遠離地球的速度變化，也能觀測出宇宙背景輻射中極其微小的不均勻性。而這兩種不同的觀測，竟然都導向同一個令人意外的結果：我們的宇宙目前並不是進行減速膨脹，反而正在加速膨脹！為了合理解釋這種情況，科學家於是推論：我們的宇宙中極有可能存在能產生「排斥性的萬有引力」的物質，而且這些物質必定與目前熟知、由基本粒子所組成的物質極為不同，稱為**暗能量**。

目前全世界有許多觀測暗物質與暗能量的計畫正在進行，為我們提供更多的信息。綜合各種觀測結果，估計宇宙的組成中大約有 70% 是暗能量、25% 是暗物質，由原子組成的物質僅占 5%。換言之，現在我們所理解的只是宇宙中的極小部分，還有很大一部分正等著我們去探索。

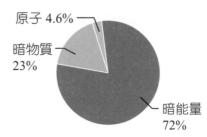

▲圖 3　宇宙組成的成分分布圖
(Reference: NASA/WMAP Science Team)

對於上述所說暗物質和暗能量的問題，除了可能起因於未知的物質所造成，還有另一種可能性：也許我們的重力理論（牛頓的萬有引力定律或愛因斯坦的廣義相對論）乃至於力學理論（牛頓的運動定律或愛因斯坦的狹義、廣義相對論）可能並不完備，需要再進一步修正。無論如何，「暗物質」和「暗能量」這兩朵烏雲還盤據在我們的上空，正等待撥雲見日的那一刻到來。

0:09　　　1:1

III

宇宙人的
奮鬥史

1 科學巨擘們的傳承故事： 伽利略、牛頓與 愛因斯坦

文／陳江梅

　　自然界中的所有事物，不論是在地面上運動的物體，還是在天空中運轉的星球，都遵循著一定的自然法則在運行。這些自然法則是科學家汲汲營營，努力探索、研究的對象。描述自然現象的主流說法源始於古希臘時期的亞里斯多德學派，其中有許多錯誤的觀點在千年之後的 16 世紀，受到伽利略 (Galileo Galilei) 強烈的挑戰，再經由牛頓集大成，最後再由愛因斯坦將其推廣，進而發展出現代的力學系統和重力理論。

事出例外必有因：伽利略的發現與挑戰

　　關於物體運動的觀點，亞里斯多德主張靜止不動是不受力物體的最終狀態，若要保持物體運動則需外加作用力。這個看法似乎很合理，好比說馬需要使盡力氣才能保持馬車持續不斷地向前進。然而，自然界的法則必須是普遍適用的，如有例外，必定有某種尚未被理解的因素摻和其中。

伽利略首先注意到了不符合亞里斯多德理論的現象。例如：圓球在平面上滾動，平面愈光滑，則圓球可以滾動得愈遠。看似不受力的圓球滾動，其運動狀態卻與平面的光滑程度有關。如果平面足夠光滑，圓球應該可以一直滾動下去，不會停下來。此外，在地球引力作用下自由掉

▲圖 1 伽利略 (Credits: Shutterstock)

落的物體，其下落的速度不會保持不變，而是會愈來愈快。由此看來，引力的效用應該不是「產生」速度，而是「改變」速度。

基於這些觀察上的結果，伽利略認為更合理的解釋為：不受力的物體會保持其原本的運動狀態。換言之，不受力的物體會維持原來的速度；而對物體施予外力則會造成運動狀態改變，也就是增加或減少其運動速度。至於滾動的圓球或沒有馬在拉動的馬車之所以會逐漸停下來，那是受到平面或地面摩擦力作用的結果。這兩個概念分別啟發了之後牛頓力學系統中的第一和第二定律。

伽利略對亞里斯多德學派另一個概念的挑戰，則因其著名的故事而更廣為人知。亞里斯多德學派認為：物體下落所需的時間和它的質量成反比，愈重的物體下落的速度愈快，落地所需的時間愈短。這也是一個看似合理的結果，然而伽利略卻懷疑這個論點。根據伽利略的學生宣稱，伽利略曾在比薩斜塔進行實驗，將兩個質量不同的球從塔頂釋放，讓它們自由掉落，發現兩個球會同時到達地面，證明物體掉落所需的時間與其質量無關。

　　然而，如果換成是樹葉與石頭從同一高度自由落下，我們會發現石頭掉得比樹葉快。如同前文所述，自然界的法則應該普遍適用，樹葉之所以掉落得比石頭慢，是因為受到其他的外在因素影響：也就是**空氣浮力**。雖然無法證實伽利略是否真的在比薩斜塔進行過自由落體的實驗，但是無論如何，這個結果對牛頓的萬有引力定律，乃至於愛因斯坦的廣義相對論都有深遠的影響。

　　伽利略的一生還有許多廣為人知的重要事蹟，包括因支持哥白尼的日心說而受到羅馬教會的審判、發明用來觀測天體的望遠鏡……。伽利略不畏權勢，敢於對日常生活經驗上看似合理的論點提出挑戰，也由於他傑出的貢獻，開啟了現代科學的發展。

古典力學的集大成者：牛頓

　　牛頓 (Isaac Newton) 將伽利略的成果加以總結，並進一步推廣。他在 1687 年發表的經典著作《自然哲學的數學原理》中闡述了描述物體運動的**三大運動定律**和重力作用的**萬有引力定律**，不僅奠定經典力學和天文學的基礎，其應用更是深入了工程學的各個角落。

　　牛頓力學中的三大運動定律包括：

⑴**第一定律：**

　　在不受外力的情況下，物體的運動狀態將維持不變（速度保持不變）。因此不受外力的物體會保持靜者恆靜、動者恆動的運動行為，而這個自然法則也被稱為**慣性定律**，速度保持不變的運動狀態則稱為慣性系統。

▲圖 2　牛頓 (Credits: Shutterstock)

(2)第二定律：

　　描述外力如何改變物體的運動狀態，換言之就是速度的改變。速度在單位時間內的變化稱為加速度，而物體的加速度大小與其所受的外力成正比，與物體的質量成反比。精確的第二定律描述為外力的大小等於質量乘上加速度，以數學式表示就是我們耳熟能詳的 $F = ma$。

(3)第三定律：

　　牛頓的第三定律則為**作用力與反作用力定律**，意即施力者施加作用力時也必會受到一個大小相等、方向相反的反作用力。比如說穿著冰鞋的舞者推牆壁時會使自己向後退，這就是反作用力的效應。

　　這三大定律組成了牛頓力學理論的基石，而且對後世物理學發展的影響極為深遠。而牛頓的另一項重要成就——萬有引力定律——伴隨著一個大家都耳熟能詳的故事。1665 年，英國倫敦爆發嚴重的瘟疫，各大學為了避免疾病傳染而暫時關閉，牛頓也從劍橋大學回到老家，繼續學習、思考關於物理與數學的問題。

　　相傳牛頓是被一顆從樹上掉下的蘋果所啟發，進而產生萬有引力定律的想法。自此之後，蘋果除了在亞當與夏娃的故事中扮演戲劇性的轉折點以外，也常在人們提到重力作用時，被自然而然地跟萬有引力聯想在一起。如今啟發牛頓的蘋果樹後代被栽種在劍橋大學的三一學院前面，成為許多人造訪劍橋大學時必去憑

▲圖 3　種植在劍橋大學三一學院前的牛頓蘋果樹 (Credits: Shutterstock)

弔的景點。不僅如此，英國為了紀念牛頓這位偉大的學者，還將他的蘋果樹分株贈送給世界各國，連臺灣的武陵農場也栽種著一棵從日本分株而來的牛頓蘋果樹。

在牛頓提出這些理論之前，人們認為天上的星體是遵循不同於地面物體的自然法則，所以才不會掉到地面上。然而牛頓卻相信萬物都受萬有引力定律和力學的三大運動定律所支配，並成功利用離心力解釋星球可以在天上運行而不墜落的現象。

想像力也可以很科學：愛因斯坦的創見

▲圖 4　愛因斯坦 (Credits: Shutterstock)

牛頓的力學系統支配著我們對物理的認知，直到 20 世紀，愛因斯坦將力學系統再進一步推廣，建立了狹義和廣義相對論。

愛因斯坦發現牛頓的力學理論有局限性，而且不夠完備。首先，牛頓的力學理論主要適用於處理低速運動的物理系統，如果系統的運動速度快到接近光速，牛頓理論將不再適用；換言之，牛頓的力學理論只是在低速情況下的一個近似結果。這裡所提到的速度快慢是以光速作為比較的基準，而光速非常快，每秒可繞行地球 7 圈半，我們在日常生活中所能接觸到的速度與其相比極小，因此牛頓理論的誤差是很難被觀測和注意到的。

　　然而，當我們討論的是電磁波[1]，牛頓力學的問題就很清楚地被凸顯出來。愛因斯坦建立狹義相對論，將牛頓的理論推廣到能處理高速運動的系統。為了不與電磁理論相互矛盾，其中有個極其關鍵的論點：光速對任何處於慣性系統中的觀察者而言，其大小必定不變。這個特性跟我們處於低速系統中的日常經驗非常不一樣，怎麼說呢？想像有一顆在空中直線飛行的球，而觀察者開著車，以跟這顆球相同的速度行進。對觀察者而言，球看起來是靜止不動的。可是換作光就不一樣了，根據狹義相對論的說法，如果你能夠在非常接近光速的情況下運動，這時你所觀察到的光速跟你處在靜止時所觀察到的光速完全一樣。是不是很不可思議呢？

　　事實上，光運動的特性和我們在日常生活中累積經驗而成的「常識」（如上述觀察飛行的球）完全不同，甚至可以說是不相容的，所以對於狹義相對論的初學者來說，必須先對自己既有的認知作革命性的改變。總之，在物理定律和光速於所有慣性系統中都不變的原則下，愛因斯坦提出了與電磁學自洽的狹義相對論，而在速度遠小於光速的情況下，其近似結果就是牛頓力學系統。

　　狹義相對論的應用範圍只局限在慣性系統。然而，速度不斷改變的非慣性系統在日常生活中非常常見。例如：在路上開車時，不可能永遠保持固定的速度前進，不論加速、減速或轉彎，都會改變速度的大小或方向，形成非慣性系統。牛頓對非慣性系統的處理方式是引入相對應的假想力，以開車的例子來說，當車子加速時，會感受到向後的推力；轉彎時也會感受到離心力，這些都是實際上不存在的假想力。

　　根據牛頓第二定律，外力會使物體產生加速度，而在加速度系統中的觀察者則會感受到有力的作用；換句話說，力和加速度是一體兩

---

1. 可見光只是特定頻率範圍內的電磁波。

面，這產生了一個有趣的問題：我們是不是都可以清楚地區分出一個系統是因受外力而產生加速度，還是因有加速度才感受到有外力作用呢？如果我們能直接看到外力的來源，當然可以區分。然而愛因斯坦提出了一個很關鍵的情境來釐清這個觀點。想像有個觀察者被「關」在一臺封閉的電梯中，這個觀察者無法區分出以下兩種情況：

⑴電梯處於靜止狀態，受到向下的重力作用。

⑵電梯在無重力環境中向上加速。

　　這就是著名的**等效原理** (equalvalence principle)，也是愛因斯坦認為一生中最令他感到快樂的想法。透過等效原理，愛因斯坦提出：重力作用在描述上可以完全等同於相對應的加速度。他更極具創見地用時空彎曲來表示加速度：時空彎曲程度愈大的地方，物體所受到的重力就愈強[2]。考慮重力作用，愛因斯坦將平直時空下的狹義相對論，推廣到彎曲時空下的廣義相對論，而微分幾何則提供了建構重力理論的數學基礎。有了這個想法之後，愛因斯坦努力了許多年，終於推導出精確的重力場方程式[3]，確立產生重力來源的能量和動量如何彎曲時空幾何，而物體在彎曲時空下的運動法則即是走在彎曲時空中的最短路徑。

　　廣義相對論可以解釋水星軌道的超額進動[4]，也就是超過於牛頓理論所計算出來的進動角。而最具故事性的驗證發生在 1919 年的日全食，利用日全食的時刻觀測，得到更直接的證據：光線所走的路徑是

2.詳情請參〈IV-6 上帝的望遠鏡：重力透鏡〉篇。

3.現在稱為愛因斯坦場方程式 (Einstein's field equations)。

4.進動：precession，旋轉運動中的物體，其旋轉軸又繞著另一個軸心旋轉，如陀螺打轉時發生偏斜，自轉軸也會出現旋轉、擺動的現象。

彎曲的,並且符合廣義相對論計算的結果。在媒體爭相報導後,愛因斯坦頓時成了家喻戶曉的名人。而在 2015 年 9 月 14 日,LIGO(雷射干涉重力波觀測天文臺)團隊也首次直接觀測到 13 億光年外由兩個黑洞合併所產生的重力波,再次驗證了愛因斯坦的廣義相對論。

然而,廣義相對論也許還不是重力理論的最終樂章。近幾十年來,我們對宇宙觀測的技術有極大的進展,相信新的觀測結果將會再進一步拓展我們對自然界的認知。

2 解放無限蒼穹的想像：
哈伯定律

文／李沃龍

　　哈伯在 1929 年首次提出哈伯定律，指出宇宙中的星系正逐漸離我們遠去，而且遙遠星系的遠離速度與它們跟我們之間的距離成正比。這項定律後來被視為宇宙膨脹現象的第一個觀測證據，成為奠定大霹靂宇宙模型的基石。然而，這項重大發現還要回溯至 1912 年，斯里弗 (Vesto M. Slipher) 在美國亞利桑那州旗桿鎮的羅威爾天文臺[1] 所做的一系列關於星系光譜的觀測。

　　斯里弗首先測量仙女座星雲 (Andromeda Nebula) 的光譜，發現該星雲所含元素的特殊譜線均呈現藍移[2]。他利用都卜勒效應的波長與速度的關係式，推知仙女座星雲正以每秒 300 公里左右的速度朝太陽系的方向前進。斯里弗接著持續觀測其他星雲的光譜，但在 1917 年發表的觀測結果中卻發現，　他所測量的 25 個天體譜線只有 4 個呈現藍

1.羅威爾天文臺 (Lowell Observatory) 是 1930 年發現冥王星的地方。

2.藍移是頻率往高頻偏移的現象。詳情請參〈IV-5 遠近有譜：都卜勒效應和宇宙
　紅移〉篇。

移，其餘 21 個皆屬於紅移光譜[3]。由於當時量測遙遠天體距離的技術尚未成熟，斯里弗並不清楚觀測星雲的確切位置，因此觀測結果只暗示了眾多星雲似乎都正背離我們遠去。

哈伯精於測量天體距離，而且擁有當時世上觀測能力最強的威爾遜山天文臺 100 英吋望遠鏡的使用權。1925 年之前，哈伯利用造父變星[4]變光週期與光度的固定關係，校準了仙女座星雲裡的造父變星**光度**，再從光譜中測得目標天體的**照度**[5]，透過照度與距離平方成反比的關係，推算出仙女座星雲遠在我們的星系之外。因此，在廣義相對論發表 10 年後，人們才終於理解我們的銀河系只是宇宙裡眾多星系之一而已！

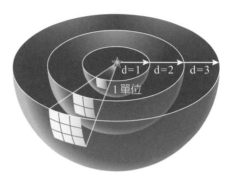

▲圖 1　光源的功率（即光度）固定時，照度與距離的平方成反比。如果我們知道光源的功率，只要測量觀測到的照度，就可以利用此平方反比定律推知光源與觀測地點間的距離。

在得知我們所在的銀河系不過是宇宙中的滄海一粟後，哈伯想要史精確地定量探究太陽在宇宙中的運動狀態，於是決定前往威爾遜山天文臺進行觀測。當時的天文臺多位於荒郊僻野，不但路途艱辛，有時甚至須以性命相搏。1926 年，他請目光精準的美國天文學家胡馬森 (Milton Humason) 當助手，幫他拉驢趕車登上威爾遜山，順便幫忙觀

---

3. 藉由比較觀測的天體譜線與已知的光譜譜線，發現天體譜線中的所有譜線皆往低頻的方向偏移。

4. 詳情請參〈I-8 破除永恆不變的神話：忽明忽暗的變星〉篇。

5. 照度：illuminance，每單位面積所通過的光通量，單位為「勒克斯」（lux，縮寫為 lx）。

▲圖 2　哈伯（左）與胡馬森
（右）(Credits: M. Richmond)

測星系的運動速率。經過這段時間的觀測，哈伯從 400 個星系的統計數據中，發現星系裡最明亮的球狀星團[6]都具有大致相同的光度。如此一來，他便可以利用平方反比定律測定星系的距離了。

在 1929 年出版的著名論文中，哈伯未註明出處，直接引用斯里弗已發表的 24 個星系的數據，將它們的徑向速度對距離作圖，並依據圖中的數據分布，歸納出星系距離 d 與其退行速度 v 成正比關係，寫下線性關係式 $v = H_0 d$，其中 H_0 是此線性關係的比例常數，今天稱之為**哈伯常數**。

乍看之下，哈伯定律似乎告訴我們，距離我們愈遠的星系，其退行的速度愈快，宇宙以地球為中心向四面八方擴張。但這樣的說法有兩項謬誤：首先，在宇宙的大尺度範疇上，都卜勒紅移的效應遠小於宇宙膨脹紅移，因此遙遠的星系可視為靜止於空間的固定位置上，是空間本身的膨脹造成星系間距擴增。其次，英國天文學家愛丁頓 (Arthur S. Eddington) 認為我們可將宇宙空間比擬成具有彈性的橡皮膜，膨脹的空間就如同擴張的氣球表面，由於氣球表面找不到幾何中心，因此可以推斷地球不是宇宙的中心——事實上，這樣的膨脹根本沒有中心！不過有趣的是，每個星系都會認為自己位在宇宙中心，其他天體均離它遠去。

如果將哈伯定律視為空間膨脹的具體展現，那麼星系的「退行速度」只是因為空間本身膨脹所造成的假象，**視速度** (apparent velocity) 應該是較為適當的稱呼。不過我們仍可根據哈伯定律來推算出宇宙的大概年齡。

6. 詳情請參〈I-9 熱鬧的恆星出生地：星團〉篇。

▲圖 3　膨脹的空間有如氣球脹大的表面一般，找不到幾何中心。星系可視為靜止於空間的固定位置上，彼此間的距離隨著空間擴張而增長，但每個星系都認為自己位在宇宙中心。(Illustration design: Shutterstock)

如何運用哈伯定律推估宇宙的年齡？

　　首先，任意挑選兩個星系，假設它們之間的距離是 d，並且以速度 v 彼此遠離。接著倒轉時間，看看它們何時才會重疊在一起。假設空間的擴張速率固定，那麼星系的退行速度也會維持不變。若兩星系一開始彼此重疊，分離至今所花費的時間為 t，星系的移動距離將等於 v 乘上 t。因此，如果我們將星系間的距離設為 d，則它們移動距離 d 所需的時間將是 $t = d/v$。但哈伯定律告訴我們，v 和 d 之間存在一個比率（哈伯常數 H_0），因此兩星系必須經過一段所謂的**哈伯時間** ($t_H = 1/H_0$) 後，彼此之間的間隔才能夠擴大到距離 d。

請注意，由於空間的擴展屬於無中心膨脹，若將上述推理應用於我們所選擇的任何兩個星系，必可得到相同的結論，因此哈伯常數 H_0 基本上可視為宇宙的膨脹速率。換句話說，如果我們將時鐘回撥，倒轉 t_H 的時間，宇宙中的每個星系都會相互重疊。也就是說，當倒轉了相當於宇宙年齡的哈伯時間 $1/H_0$ 後，所有物質終將匯聚在某一點上，此點可視為宇宙的開端，也就是開天闢地的「大霹靂」！同理，我們也可以估算宇宙所涵蓋的大致範圍：若將光速 c 乘上哈伯時間，會得到 c/H_0，該值稱為**哈伯半徑**或**哈伯視界**，相當於我們的視線在宇宙年齡內所能抵達最遠的地方。

舉足輕重的關鍵角色：哈伯常數

在宇宙學上，哈伯常數 H_0 是個非常重要的物理量。H_0 的數值愈大，宇宙的年齡就愈小；反之，H_0 的數值愈小，宇宙的年齡就愈大。哈伯在 1929 年的原始論文中估計出 $H_0 = 530$ (km/s/Mpc)，其中 Mpc 是百萬秒差距的意思，這個有點古怪的單位是天文學家用來描述廣大距離的常用單位。1 Mpc 相當於 326 萬光年，差不多是銀河系恆星盤面直徑的 32 倍左右，或相當於仙女座星系與我們之間距離的 1.5 倍。勒梅特 (Georges Lemaître) 在 1927 年發表闡述膨脹宇宙的論文裡，曾利用當時已知的觀測數據，率先計算出宇宙膨脹的速率是 575 (km/s/Mpc)。若考量觀測誤差，這兩個結果基本上是一致的。但這些值都太大了，它們所對應到的宇宙年齡不到 40 億年，比已知的地球年齡還小！

是什麼造成 H_0 數值過高？問題的根源其實在於天文觀測的方法與儀器的精密度。隨著觀測技術日新月異，H_0 的數值在 1970 年代大都落在 50～100 (km/s/Mpc) 之間。但情勢在 2013 年後有了新的變化。

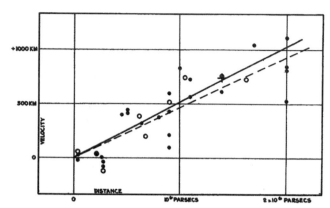

▲圖 4　哈伯發表於 1929 年論文裡的速度―距離關係
圖[7]，其中 24 個黑點來自斯里弗 1917 年的觀測數
據。哈伯計算圖中實線的斜率，得出 H_0 = 530
(km/s/Mpc)。

根據宇宙微波背景的觀測數據計算得到的 H_0 = 67 (km/s/Mpc)，對應到
的宇宙年齡相當於 138 億年，這也是現今多數科普文章所採用的數
值。不過，有些天文學家近幾年來利用超新星製作出來的哈伯圖卻告
訴我們 H_0 = 74 (km/s/Mpc)。使用這兩種方法的人都宣稱它們的測量誤
差小於 3%，因此現在仍然無法確定宇宙目前的膨脹速率究竟是多少。

　　儘管宇宙的膨脹速率至今仍不明確，但我們無疑仍得將偵測到宇
宙膨脹的現象，歸功於哈伯定律的發現。不過，哈伯終其一生從未將
星系距離與速度的關係視為宇宙膨脹的佐證，即使是在過世前幾個月
的一場學術演講中，他仍強調哈伯定律的詮釋尚未塵埃落定。雖然如
此，哈伯在 1929 年的驚天一劃，確實解放了人類對無限蒼穹的想像，
開啟現代宇宙學研究的嶄新局面，其影響可謂無遠弗屆。

7. 引用自 Edwin Hubble (1929). A relation between distance and radial velocity among extra-galactic nebulae. *Proceedings of the National Academy of Sciences*. Mar 1929, 15 (3), 168–173. doi: 10.1073/pnas.15.3.168.

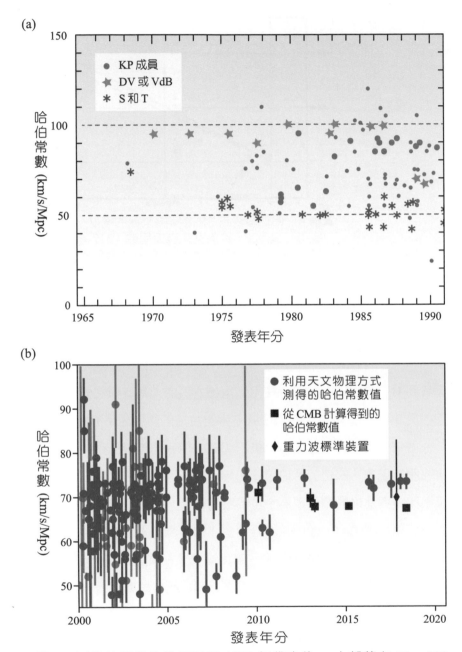

▲圖 5 (a)哈伯常數的數值到了 1970 年代之後，大都落在 50～100 (km/s/Mpc) 之間；(b)目前哈伯常數的觀測值仍有分歧，從圖中我們可以發現自 2010 年後的數據點顯示出，從 CMB 計算所得到的哈伯常數值明顯低於利用天文物理方式所量測得的。(Reference: (a) J. Huchra; (b) ESA/the Planck Collaboration)

3 餘韻未絕的創世煙火：
大霹靂

文／高文芳

　　1929 年，哈伯發現宇宙比銀河系還大，而且利用遙遠星光的紅移現象，推估宇宙正在膨脹，當時他在推估遙遠星系的遠離速度時，參考的是都卜勒的光波紅移公式。隨後科學家利用廣義相對論描述宇宙膨脹，發現這種紅移現象是整體宇宙膨脹造成遙遠天體急速退行所產生的，而且在可觀測宇宙邊緣的紅移效應非常大，已經無法用都卜勒紅移現象解釋，因此把這種紅移效應稱為**宇宙紅移**（或**重力紅移**）現象，以便和都卜勒紅移現象做出區隔[1]。

　　在哈伯測量星系紅移的時代，大多數的科學家都認為宇宙就跟銀河系差不多大，而且幾近靜止，不是很清楚該如何描述宇宙的膨脹。因此哈伯當時只能小心翼翼記錄測量到的實驗數據，再利用光波的都卜勒效應換算出遙遠星系的退行速度，從而做出驚人的推論。

　　當紅移現象很小時，宇宙紅移現象和都卜勒紅移現象遵守的規律非常接近。而哈伯最早量測的星系都很鄰近銀河系，所以紅移的效應

1.詳情請參〈III-2 解放無限蒼穹的想像：哈伯定律〉、〈IV-5 遠近有譜：都卜勒效應和宇宙紅移〉篇。

不大，使用光波的都卜勒紅移公式對他當時的推論影響也就不大。回顧都卜勒最初的觀察對象其實是聲音，和必須依賴特殊相對論推導的光波紅移公式，情境完全不同，然而因為科學家推崇都卜勒的關鍵性發現，還是把光波和聲波的紅移效應都稱為都卜勒效應。其中也有人把宇宙紅移現象視為都卜勒效應的推廣，只是推導的方式完全不同。

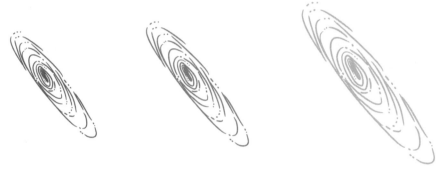

▲圖 1　星系遠離我們的速度愈快　，紅移效應愈明顯 。 (Illustration design: Freepik)

大霹靂理論

哈伯推測宇宙正在膨脹，於是馬上有人把時間倒過來看，推論時間愈早，宇宙的尺度愈小，因此早期的宇宙可能小到無法想像。

如果早期宇宙中所有物質都被擠在一個小到不行的空間裡，溫度一定也高到難以想像。因此當時就有科學家倡議：「宇宙一開始處於一個非常高溫的環境，然後在某一瞬間突然發生大爆炸，隨之而來的就是不斷膨脹的演化過程。」這個說法也就是現在家喻戶曉的**大霹靂理論** (Big Bang theory)。

大霹靂理論提出之後，很多科學家都嗤之以鼻、百般嘲弄。傳說「大霹靂」這個名稱，還是天文物理學家霍伊爾 (Fred Hoyle) 譏諷這個理論的口水。 天文物理學家薩根 (Carl Sagan) 為了擺脫這個醋味十

▲圖2 大霹靂的藝術想像圖 (Credits: NASA's Goddard Space Flight Center/CI Lab)

足的用語，還曾大張旗鼓的向媒體大眾徵名，想不到忙了半天還是找不到比大霹靂更貼切的稱呼，最後大家只好接受這個名稱。有趣的是習慣成自然，現在已經沒有人覺得這個名稱有什麼不好。有個知名的漫畫家還畫了一幅漫畫嘲諷科學家廣為徵名這件事，故事主角是一個小男孩和他的好朋友小老虎。小男孩說科學家發現大霹靂這麼重要的現象，居然想不出一個稱頭的名字，只能使用這種超級俗氣的名稱，實在令人難以置信。小老虎問：「不然你覺得應該怎麼稱呼？」結果小男孩自信滿滿地說：「超級無敵宇宙超級無敵大霹靂碰比啊隆咚鏘大爆炸理論。」

20 世紀初，天文學家發現銀河系有一些星雲，螺旋結構看起來跟銀河系很像。有人認為這些星雲其實是和銀河系大小相似、離我們很遠的天體，連知名的天文學家／哲學家康德都稱之為「島宇宙」，天文學家科特斯 (Heber Curtis) 也支持這種說法。但也有人認為這些星雲只是結構比較特別，還是屬於銀河系的一部分。因為發現銀河系盤面結

▲圖 3　威爾遜山天文臺上口
徑 100 英吋 的 望 遠 鏡
(Credits: A. Dunn)

構而被稱為 「20 世紀哥白尼」 的夏普里 (Harlow Shapley)，就支持這樣的看法[2]。夏普里的想法是：「光是銀河系就已經大到難以想像了，要接受宇宙比銀河系還大這種說法， 根本就是天方夜譚！」為此，他還和支持島宇宙想法的科特斯展開長期辯論，當時可說是轟動天文學界的大事一件，兩人「沒有什麼實驗證據」的「口水戰」，還被戲稱為「大辯論」。

終於，這場辯論的終結者出現了！那就是哈伯的重大發現：這些島宇宙真的離我們非常遙遠。哈伯利用威爾遜山天文臺上口徑 100 英吋（約 2.5 公尺）的望遠鏡，找到可以辨識原始光度的造父變星[3]，確認它們跟我們之間的距離大得驚人。但是科學家一時難以接受，甚至有人認為哈伯的觀測數據有瑕疵。

剛開始，哈伯判斷造父變星距離的原始方法受到星際霧霾影響，產生很大的誤差，因而讓他誤以為這些星系比較靠近我們，得出「宇宙的年齡比地球還小」的結論，這也使得哈伯的觀測數據和論述都備受質疑。雖然後續經過測量和修正，沒有損及宇宙膨脹的正確性，還是有很多人對隨之衍生的大霹靂理論抱持著懷疑的態度。

因為宇宙在膨脹，才有大霹靂理論的誕生。一開始很多人不願接受大霹靂理論，是接下來靠兩個重大發現，才確立大霹靂理論舉足輕

2.詳情請參〈I-1 歡迎光臨牛奶大道：我們的銀河家族〉篇。

3.詳情請參〈I-8 破除永恆不變的神話：忽明忽暗的變星〉篇。

▲圖 4　北極星就是一顆造父變星。(Credits: shutterstock)

重、無法挑戰的地位。其中一個是 1964 年發現的宇宙微波背景輻射[4]，另一個則是下面這段精彩故事的重頭戲：1948 年「三口組」根據大霹靂理論和科學家當時已掌握的物理概念，精準地預測出宇宙中氫元素和氦元素的數量比值。

宇宙膨脹與元素的生成

現在宇宙裡氫、氦元素的數量比值，大約是 12：1。這個比值有何特別之處呢？科學家最早對太陽的核心和木星的大氣層做分析，發現這些地方的氫、氦元素數量比值，大約就是 12：1。後來更發現宇宙中氫、氦元素的數量比（也就是所謂的豐度），比值也都是 12：1。

發現如何利用大霹靂理論預測這個現象的人是物理學家伽莫 (George Gamow) 和他的學生阿爾發 (Ralph Alpher)。伽莫喜歡開玩笑，

4.詳情請參〈III-4 早期宇宙的目擊證人：宇宙微波背景〉篇。

一發現他和學生的姓氏讀音很像 γ 和 α，就為了好玩，硬是把完全沒有參與研究的貝特 (Hans Bethe) 列為共同作者，讓論文的作者姓氏湊成 alpha-beta-gamma，發表這篇後來廣為人知的「α-β-γ 論文」。

這篇論文雖然石破天驚，但是無法說明為何太陽系有這麼多的重元素；而且宇宙中數量排行老三的氧元素，和氦元素的數量比值是 1：100，α-β-γ 論文根本無法解釋這些現象。因此這篇劃時代的論文一開始不但得不到重視，還讓三口組感到非常困擾。後來是靠貝特和霍伊爾等人解開恆星演化的祕密，才讓科學家發現重元素主要來自恆星演化末期的貢獻，也終於還原「α-β-γ 論文」這篇文章應有的歷史地位。

認識宇宙演化的歷史

根據大霹靂理論，加上科學家所掌握的自然科學知識，我們可以刻畫出宇宙演化的完整歷史：宇宙一開始非常高溫、非常擁擠，驚天一爆後，便像氣球一樣快速膨脹，同時一邊降溫。

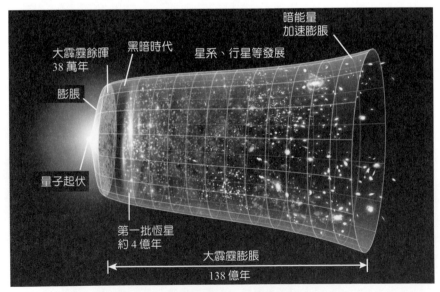

▲圖 5　膨脹中的宇宙 (Image credits: NASA/JPL-Caltech)

我們能夠理解的最短時間大約是 10^{-43} 秒；最小長度大約是 10^{-32} 公分；最高溫度大約是 10^{32} 度。10^{32} 就是 10…0（在 1 後面接 32 個 0），也就是一億兆兆——沒錯，這的確是個超級無敵大的數目。另外，10^{-32} 就是 0.0…01（在 1 前面有 32 個 0），也就是一億兆兆分之一，一個小到無法想像的小數目。為什麼突然提到跨距這麼大的尺度呢？因為宇宙學有趣的地方就在於：科學家感興趣的部分不但大到無法想像，也小到令人感動！

大霹靂後大約 1 毫秒時，氫原子核開始穩定形成；到了 3 分鐘左右，氦原子核也逐步穩定地形成；直到 7 萬年時，帶有質量的物質得不到足夠的能源補給，運動速度開始變慢，同時漸漸取代以光速運動的輻射能量，開始主導宇宙的演化歷史。

到了大霹靂後 38 萬年左右，宇宙溫度降到大約 3,000 度。這時的宇宙開始變得幾近透明；也就是說，光線橫跨宇宙的過程中，已經很難遇見任何其他物質。就像我們眼前雖然有很多空氣分子，光線還是可以在很長的距離下通行無阻。現今觀測到的宇宙微波背景輻射光子，不但已經達到熱平衡狀態，而且開始以主角的身分粉墨登場。

第一批恆星大約在宇宙時間 4 到 7 億年間誕生，到了 10 億年前後，宇宙的大結構才開始定形、變化趨緩，和目前可見的宇宙非常相近。我們的銀河盤面在宇宙時間大約 50 億年前後開始形成，太陽系則是在大約 92 億年前後形成。

接著，宇宙時間到了 98 億年前後，暗能量開始取代物質的掌控，逐步主導宇宙演化的過程，這時的宇宙就像剎車失靈的賽車，開始加速膨脹。最有趣的事發生在 103 億年，那時地球上開始有生命存在的跡象，慢慢形成生態多元的綠色世界。

目前的宇宙已經存在 138 億年左右，科學家對於大霹靂後 38 萬年到現在的宇宙瞭解得比較深入，至於未來會發生什麼變化？這是所有科學家都非常關注的焦點。

上知天文，下知地理常被用來形容一個人博學多聞，而科學家感興趣的話題不但有大到無法想像的宇宙，也有小到無法理解的微觀世界，可見宇宙學是一門非常有趣、非常有挑戰性的科學。

▼表 1　宇宙時間年表

宇宙時間	重要關鍵事件
1 毫秒	氫原子核穩定形成
3 分鐘	氦原子核穩定形成
7 萬年	帶有質量的物質開始主導宇宙演化
38 萬年	目前已經達到熱平衡的宇宙微波背景輻射初登場，宇宙變得幾近透明
4～7 億年間	第一批恆星誕生
10 億年	宇宙的大結構變化趨緩
50 億年	銀河盤面開始形成
92 億年	太陽系形成
98 億年	暗能量開始主導宇宙演化，宇宙開始加速膨脹
103 億年	地球上的生命開始存在
138 億年	現在
未來	航向未知的未來

4 早期宇宙的目擊證人：
宇宙微波背景

文／李沃龍

　　在我們頭上幽暗深沉的太空中，有無數恆星匯聚形成的星系與星系團，隔著無垠的遼闊太虛，發光輝映。乍看之下，我們的宇宙整體似乎稀疏零落，但它其實浸泡在一片異常平靜的輻射汪洋之中。這片輻射汪洋在宇宙各處都以相同的強度發光，其波長介於一公尺至一毫米之間，相當於電磁波頻譜中的微波頻段，而溫度則只比絕對零度高一點。這種輻射是宇宙還在襁褓階段所留下的遺跡，可說是名符其實的大霹靂回音，我們今天將它稱為**宇宙微波背景** （the Cosmic Microwave Background，簡稱 CMB）。

大霹靂的決定性證據

　　1929 年哈伯定律發表後，愛因斯坦放棄了他的靜態宇宙模型，空間會擴張的動態宇宙概念逐漸被大多數的科學家接受。當時雖然已有比利時教士勒梅特 (Georges Lemaître) 神父提出的太初原子模型[1]，但學界對宇宙起源的說法並未認真對待。1948 年，英國劍橋大學的物理

---

1. 又稱為「宇宙蛋」，可說是大霹靂理論的前身。

學家霍伊爾 (Fred Hoyle)、哥德 (Thomas Gold) 與邦第 (Hermann Bondi) 共同提出**穩態宇宙**的理論，認為我們的宇宙並無開端與結束，整體體積固然穩定膨脹，但不斷有新物質誕生並填入擴展的空間，確保整體物質密度不變，因此從大尺度看來，宇宙似乎總是處於無變動的永恆狀態中。這種建構在新觀念上的復古模型，滿足了許多物理學家對宇宙理應亙古不變的美學觀點，因此深受歡迎，儼然成了威脅大霹靂理論的最大敵手。

兩派理論間的爭鬥，到了 1960 年代中期出現了戲劇性的轉折。1965 年初，美國貝爾實驗室的兩位電波天文學家彭齊亞斯 (Arno Penzias) 與威爾遜 (Robert Wilson) 測試一具位在紐澤西州的號角形天線時，接收到未知的電波訊號。他們窮盡一切手段徹底檢查天線，甚至清除天線裡的鴿子窩與鳥糞後，還是無法去除這種來自四面八方，波長 7.35 公分的均勻微波雜訊。這馬上被普林斯頓大學的一群宇宙學家證實是大霹靂的遺跡，彭齊亞斯與威爾遜兩人也因為這個重大發現而榮獲 1978 年的諾貝爾物理獎。

由於穩態理論認為宇宙中的發光天體都可能發出這種電波訊號，但零亂散布於天空各處的波源卻無法解釋 CMB 為何分布得如此均勻，所以此一理論逐漸落居下風；換句話說，CMB 的發現奠定了大霹靂學說在宇宙學研究上的主流地位。

CMB 的起源與宇宙膨脹

CMB 源自早期宇宙高溫環境下輻射與原子的交互作用，欲瞭解其來龍去脈，我們首先應釐清早期宇宙中物質與輻射的比例。假設天空中包含大約 10 億個星系，每個星系各自擁有約 1,000 億顆由氫原子組成的恆星，即可估計出平均每立方公尺的空間裡約有幾個原子存在。

另一方面，從 CMB 的觀測數據中，我們推知每立方公尺的空間中應包含約 10 億個光子。從數量上而言，今日宇宙裡的輻射遠較原子多出許多。

雖然如此，我們實際上要推論的是早期宇宙裡**輻射的能量密度**與**物質的能量密度**之相對關係，因為那才是驅動空間膨脹的關鍵。假設宇宙裡的物質全部都是質量固定的氫原子，由於原子占有 3 個維度，如果空間擴張使得兩原子間距為 a，那麼物質的能量密度將反比於 a^3，恰好與體積的變動比例完全相反。

物質的能量密度反比於原子間距的三次方

假設兩原子間的距離在某個時刻擴增為前一刻的兩倍，雖然它們占據空間的體積擴充為 8 倍，但空間中的物質能量密度卻會縮減成原來的 1/8。

另一方面，輻射能量密度的計算除了體積變化的效應外，還需考慮另一項因素：能量。像光子這類不具質量的粒子，它的能量正比於其頻率，即反比於其波長。因此，若空間擴張使兩光子間距為 a，則輻射的能量密度將反比於 a^4。

輻射的能量密度反比於光子間距的四次方

假設兩光子間的距離在某個時刻擴增為前一刻的兩倍，雖然它們占據空間的體積擴充為 8 倍，但空間中的輻射能量密度卻會縮減成原來的 1/16。

由於目前 CMB 的溫度只有 3 K 左右，所以我們知道相對於物質而言，現今的輻射能量對空間的膨脹幾乎沒有什麼貢獻。但事實上，極早期宇宙的局面卻恰恰相反。在大霹靂後不到 5 萬年的時間內，由於當時宇宙的大小遠小於今天的宇宙，根據前述的討論得知，輻射的能量密度會遠遠高於物質的能量密度，因此宇宙的膨脹完全由輻射主導，該時期被稱為**輻射主控時代**。

熱平衡與馬克士威—波茲曼分布

不論在任何時刻，宇宙都具有一定的溫度。若我們在某一時刻於空間中任一點擺放一支溫度計都得到相同的讀數，這代表分布在宇宙各處的物質均達到熱平衡。會達到熱平衡的原因是由於熱能的流動達到動態平衡，乍看之下宛如熱能不再流動，溫度也就固定下來了，這是熱平衡的特性。

想像在一個密閉方盒裡裝滿氣體，且這六面盒壁是以特殊材質製成，只會反射而不會吸收能量。當氣體達到熱平衡時，氣壓、體積這類宏觀的物理性質就只取決於系統的平衡溫度，且不再變動，呈現靜態平衡的樣貌。但只要這時的溫度不是絕對零度，在微觀尺度上，氣體的每個個別粒子仍會不斷碰撞、交換能量、改變速率與方向。不過平均而言，整體粒子的速率分布依舊不變，意即盒內各處具有特定速率的粒子數目大致相同，呈現動態平衡。氣體物質達到平衡時的速度分布就稱為**馬克士威—波茲曼分布** (Maxwell-Boltzmann distribution)。

由於「熱」是能量傳輸的表現，建立熱平衡的關鍵在於微觀粒子間的能量傳遞能讓系統整體熱能達成平衡且穩定的狀態。只要粒子交互作用時允許能量傳遞變換，系統總是能夠重新組織而達到熱平衡。

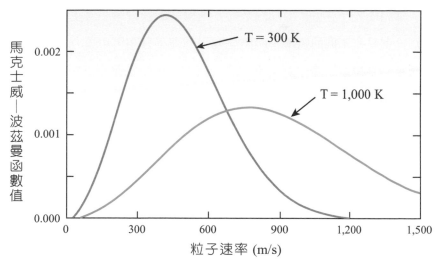

▲圖 1　馬克士威一波茲曼分布。這兩條曲線代表相同密度的同一種氣體在不同平衡溫度下的粒子速率分布。(Reference: Thermopedia)

黑體輻射與普朗克定律

　　輻射系統的熱平衡特徵與物質系統略有不同。我們將具有溫度的物體所發出的光，一概稱為**黑體輻射**。「黑體」指的是完美輻射物體的物理模型，它可吸收所有照射於表面的電磁波且完全不反射[2]，因此其輻射完全產自本身的熱能。一般恆星的表面雖不呈現黑色，但它其實是極近似黑體的最佳範例：恆星表面不會反射電磁波，它所發射的光完全來自恆星內部生成後逸散至表面的高能光子[3]。

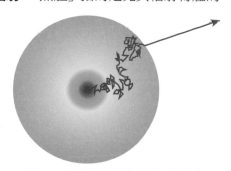

▲圖 2　恆星內部生成的高能光子沿途歷經無數次隨機碰撞，最終抵達恆星表面釋放，並遁入太空中。

2.因為完全不反射，所以才稱為「黑」體！

3.在此過程中，高能光子沿途會經歷無數次與物質粒子的隨機碰撞。

　　當高能光子在恆星內部逸散時，所遭遇的物質粒子（主要是氫原子）分別具有不同的速率，而這些粒子的速率分布可用單一參數——「溫度」來規範，遵守前文所述的馬克士威－波茲曼分布。而黑體輻射的光譜形式由德國物理學家普朗克 (Max Planck) 於 1900 年透過光量子的假設推導出其分布規律，其特色是黑體的溫度愈高，光譜峰值所對應到的頻率愈高、波長則愈短，且光譜涵蓋的面積也愈大[4]。

　　這是量子物理的第一個應用實例，而解釋黑體輻射光譜與其性質的公式被稱為**普朗克定律**，與古典物質粒子熱平衡的馬克士威－波茲曼分布明顯不同。

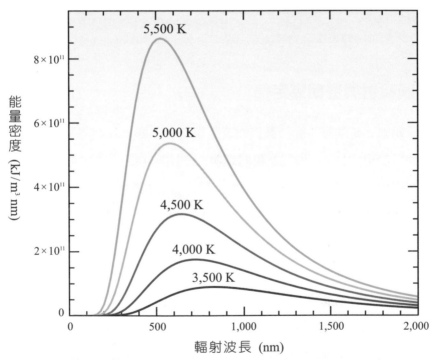

▲圖 3　普朗克定律描述的黑體輻射在不同溫度下的頻譜。從圖中可以發現，當黑體的溫度愈高，其所對應到的峰值波長愈短。

––––––––––––––––––––
4.光譜涵蓋的面積愈大，代表黑體的總能量愈高。

若將剛才提及的方盒裡填充大量光子，測量時就會顯現普朗克光譜。假設我們突然將具有特殊能量的光子注入盒中，原有的平衡會被破壞，普朗克光譜也會變形。但這只是短暫的變化，只要盒壁反射光子與新加入的光子不斷碰撞、交換能量，新的熱平衡終究會建立起來，並在新的平衡溫度下，重現普朗克光譜的能量分布型態。不過宇宙周邊畢竟沒有六面反射壁，輻射光子必須設法與系統裡的其他成分作用，才能回到熱平衡狀態。

CMB 與黑體輻射

其實早期的宇宙可視為一個黑體系統，其中充滿一大堆疾速衝撞的基本粒子，形成溫度極高且密度極大的濃稠太初原湯。這團太初電漿會不斷產生、吸收光子，未被湮滅的光子則迅速與周遭大量的物質粒子或其他光子碰撞，宛如恆星內部的情境，很快便建立起熱平衡的黑體狀態。

1940 年代末期，俄裔美國物理學家伽莫 (George Gamow) 和他的兩位學生阿爾發 (Ralph Alpher) 與赫曼 (Robert Herman) 對這團太初電漿的演化，做了一系列的研究。他們認為現今的氫與氦等化學元素，就源自於這樣的早期宇宙：在大霹靂後不到 10 分鐘，宇宙溫度已達 10 億度左右。他們推算出宇宙的大小自那時至今已膨脹了約 10 億倍，因而斷言目前的宇宙理應充斥著太初電漿所遺留下來、溫度僅有 5 K 左右的黑體輻射，也就是今天所觀測到的 CMB。

然而，實際的演化過程稍微複雜一些。在大霹靂後不到 20 分鐘左右，宇宙裡的氫與氦已形成，此時的太初電漿含有大量光子，伴隨著許多質子與電子，藉由不斷碰撞交換能量，緊密地膠合在一起。此時即便有中性氫原子形成，也會在大量高能光子的轟擊下解體，因而保

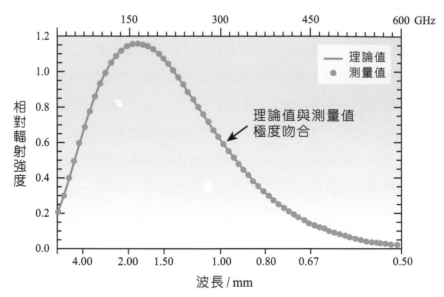

▲圖4　宇宙背景輻射探測者衛星（Cosmic Background Explorer，簡稱 COBE）於 1990 年代測得溫度僅 2.725 K 的 CMB。圖中顯示理論值與測量值極度吻合，此乃目前所發現最完美的黑體輻射頻譜。COBE 任務的兩位計畫主持人也因為對 CMB 研究的傑出貢獻，榮獲 2006 年諾貝爾物理獎的肯定。(Reference: COBE)

持著電漿狀態。此外，由於光子能夠自由飛行的時間極短，基本上可說是受困於電漿之中，因此整個宇宙是極不透明的[5]。

　　隨著空間持續膨脹，溫度不斷下降，宇宙從輻射主控時代進入物質能量密度較高的階段。大霹靂後約 25 萬年，溫度降到約 3,800 K 左右，光子的能量漸漸不足以瓦解質子與電子的鍵結，宇宙就此展開**再復合** (recombination) 程序，質子得以與電子結合，在太初電漿裡形成中性氫原子。

　　中性原子形成的事件在宇宙中的各個角落不斷發生，直到大霹靂後 38 萬年，溫度降到 3,000 K 以下，宇宙的大小約為當今的千分之一左右，光子徹底脫離太初電漿，再復合時期終於結束。其後，由於光

5.物體不透明意指電磁波無法穿越它；反之，電磁波可穿越的物體則是透明的。

子能量不足，不再能影響物質結構，除了溫度隨空間膨脹而持續下降外，黑體輻射光譜就此凍結在當時的樣貌，也就是今日被我們偵測到溫度只有 2.725 K 的 CMB 頻譜。

在再復合的終結時刻，太初電漿裡的剩餘光子也停止了與物質粒子的交互作用，我們將此瞬間稱為**最後散射面** (surface of last scattering)。由於所有的 CMB 光子從整團渾沌中抽身撤出，在歷經 38 萬載的朦朧歲月後，大霹靂終於廓清了不斷成長的空間，整個宇宙第一次變得明亮通透。最後散射面就如同太陽的光球 (photosphere) 一般，將原先隱藏於不透明表面底下的黑體輻射訊息傳遞給我們。當你抬頭仰望夜空，視線穿越行星、恆星、星系與星系團等大大小小的物質結構，橫亙廣漠無垠的時空，最終將遭遇煥發著 CMB 的最後散射面，以及裹藏著太初起點——大霹靂的早期宇宙。

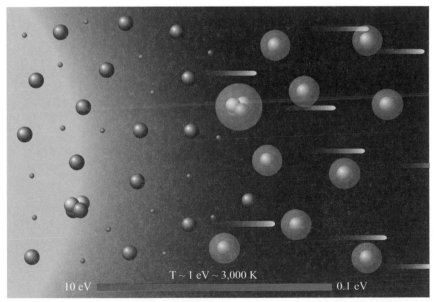

▲圖 5　宇宙的溫度於再復合時期降到 3,000 K 以下，造成光子能量不足，不再能夠與物質結構作用，最終脫離了太初電漿，黑體輻射光譜就凍結在這個時刻的樣貌。(Reference: NASA/IPAC Extragalactic Database)

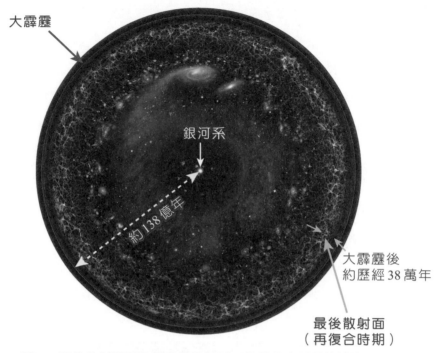

大霹靂

銀河系

約 138 億年

大霹靂後
約歷經 38 萬年

**最後散射面
（再復合時期）**

▲圖 6　最後散射面是我們視線的終點，煥發著大霹靂的餘燼 CMB，傳遞
　　早期宇宙的演化故事。(Image Credits: P. C. Budassi; text added by H.
　　Norman)

IV

宇宙人的
望遠鏡

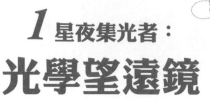

1 星夜集光者：光學望遠鏡

文／顏吉鴻

　　人類執著地追求永恆，好奇心驅使我們執著地觀察星空。然而，天體和我們的距離都非常遙遠，即使是離我們最近的月球，也有 38 萬公里的距離。要能夠有系統地研究天體，就必須仰賴望遠鏡，幫助天文學家盡可能收集來自天體的光線。人類的眼睛能夠看見「可見光」，因為這個原因，可見光望遠鏡是天文學中發展最早的望遠鏡系統。

可見光望遠鏡的種類

　　可見光望遠鏡主要分為**折射式**和**反射式**兩種形式。顧名思義，折射式望遠鏡主要利用光線穿過透鏡的折射成像，而反射式望遠鏡則是利用凹面鏡的反射成像。一般來說，折射式望遠鏡比較接近一般大眾對望遠鏡的印象，反射式望遠鏡則是目前天文學界主流的望遠鏡形式，最著名的哈伯太空望遠鏡就屬此類。可見光望遠鏡最重要的性能指標是主鏡直徑，主鏡的直徑愈大，收集光線的能力愈強，造價也愈昂貴。

▲圖 1 (a)小型反射式望遠鏡；(b)小型折射式望遠鏡 (Credits: Shutterstock)

可見光望遠鏡是天文望遠鏡中最普及的種類。大致上可以分成兩大部分：**鏡筒**和**鏡架**。鏡筒是天文望遠鏡的核心，裡面是望遠鏡的光學系統，望遠鏡的性能好壞，大部分便取決於光學系統。鏡架負責承載鏡筒的重量，若鏡架上裝有測量水平角和垂直角的經緯儀，鏡筒只能上下左右移動；而鏡架上的赤道儀有特殊的傾角設計，可以讓鏡筒的移動與天體東升西落的軌跡相符，方便使用者進行長時間的天文觀測。

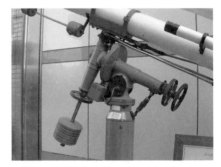

▲圖 2 臺北市立天文館大廳展示的赤道儀 (Credits: Wikimedia/ Taiwania Justo)

可見光望遠鏡的鏡筒一般有尋星鏡和主鏡兩種。尋星鏡的口徑較小，可見範圍較大，可幫助使用者確定主鏡的指向；主鏡用來觀測天體，通常口徑較大，可見範圍較小，折射式望遠鏡和反射式望遠鏡的差別就取決於主鏡。

⑴折射式望遠鏡：

　　折射式望遠鏡在鏡筒前方有一片凸透鏡，光線經過透鏡折射後會聚到焦點。從焦點到鏡片的這段距離稱為**焦距**。

⑵反射式望遠鏡：

　　反射式望遠鏡的鏡筒後方有一個凹面鏡，用來收集光線。光線經過凹面鏡反射，會在焦點附近成像。通常在焦點上會有一個平面鏡，把光反射到望遠鏡側面以便觀測者使用。

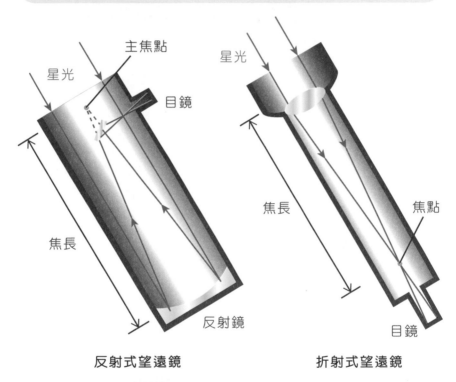

▲圖 3　反射式望遠鏡與折射式望遠鏡的光學路徑

　　一般來說，望遠鏡的口徑愈大，集光能力和角解析力就愈好，所以主鏡的口徑是可見光望遠鏡最重要的性能指標。主鏡的口徑和焦距大多是固定不變的，焦距除以口徑所得到的比值稱為**焦比**，在攝影鏡

頭上，這個數值也稱為**光圈**。焦比愈小，鏡筒愈短，望遠鏡的視野愈明亮。如果要用肉眼進行天文觀測，無論是反射式還是折射式望遠鏡，都需要使用目鏡，只要選用不同焦距的目鏡，就可以改變天文望遠鏡的倍率。

　　最早期的望遠鏡是一片凸透鏡和一片凹透鏡的組合。其中凸透鏡比較接近觀察的物體，所以稱為**物鏡**；凹透鏡比較接近眼睛，稱為**目鏡**。以平常的生活經驗來說，凸透鏡就是「老花眼鏡」，而凹透鏡就是「近視眼鏡」。

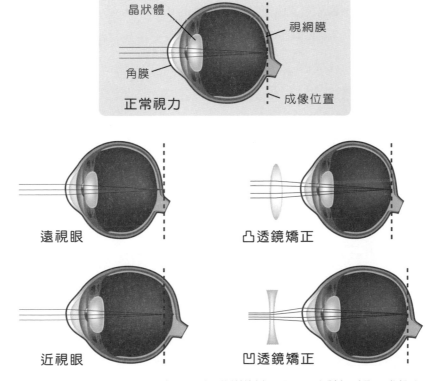

▲圖 4　凸透鏡可矯正成像在視網膜後的遠視眼；凹透鏡可矯正成像在視網膜前的近視眼。(Illustration design: Shutterstock)

望遠鏡的歷史發展

　　望遠鏡是何時發明的？又是被誰發明的？目前仍然沒有確定的說法。根據科學史專家的研究，13 世紀末，義大利工匠已經有系統地製造老花眼鏡，而近視眼鏡則出現在 15 世紀。簡單來說，望遠鏡就是凸透鏡和凹透鏡兩種鏡片的組合，但是望遠鏡這項發明卻比眼鏡延遲了 200 多年，可能因為望遠鏡具有軍事及航海上的價值，發明人往往會因為私利而隱瞞這項科技。

　　目前已知跟望遠鏡有關的最早文獻紀錄，是 1608 年在荷蘭米得堡，有一位德裔眼鏡製造商李普希 (Hans Lippershey) 曾經向荷蘭政府申請望遠鏡的專利。但當時荷蘭還有其他兩人自稱是望遠鏡的發明者，同時也已經有荷蘭商人在法蘭克福的市集販售望遠鏡成品。最後荷蘭當局認為「望遠鏡」太容易被複製，因此並沒有授予李普希專利權，反而跟他訂立望遠鏡的製造合約。雖然李普希的專利落空，新發明的

▲圖 5　李普希向荷蘭政府申請專利的歷史文獻

消息卻傳遍歐洲。由此可知，望遠鏡在當時便已是成熟的產品。

　　1609 年，義大利帕多瓦大學的教授伽利略聽到望遠鏡發明的消息，根據已知的光學知識，開始自行製造望遠鏡。1609 年秋天，伽利略使用一組倍率 20 倍的望遠鏡，有系統地觀測天體並加以記錄，其中最有名的包含月球表面、木星的四大衛星還有金星的盈虧。絕大多數的天文學家都會同意，伽利略開啟了天文學的望遠鏡時代。

　　伽利略使用的望遠鏡是凸凹透鏡的組合，得到的是正立的虛像，光線並沒有會聚。1611 年，天文學家克卜勒把目鏡的形式改成凸透鏡，雖然影像上下顛倒，卻是光線真實會聚的實像。從此之後，天文學家使用的折射式望遠鏡，大多立基於克卜勒的改良。

　　能夠把影像放大的除了凸透鏡之外，還有凹面鏡。相傳古希臘人已經知道利用凹面鏡聚焦太陽光取火。折射式望遠鏡被發明之後，一直都有科學家嘗試利用凹面鏡製造望遠鏡，但是凹面鏡的焦點位置與光的入射方向相同，如果要用來觀察遠方的物體，必須找到改變光路徑的方法。1670 年，大名鼎鼎的牛頓在凹面鏡焦點附近放置一面斜鏡，把凹面鏡的成像引導到光路徑的側邊，終於製造出第一架有實用價值的反射式望遠鏡。

▲圖 6　牛頓製作的第一架反射式望遠鏡（複製品）

　　可見光望遠鏡最重要的能力，就是代替人類的肉眼收集來自天體的光線，也就是**集光力**。望遠鏡的口徑愈大，集光能力愈佳，收集光線的效率愈高，可以觀測更遙遠的天體。望遠鏡的另一個性能指標為**角解析力**，口徑愈大的望遠鏡，愈能夠分辨出天體更細微的構造，幫助天文學家釐清更多細節，這就是天文學家盡力製造更大口徑天文望遠鏡的原因。一般大眾經常會誤認為望遠鏡的倍率愈大愈好，實際上望遠鏡的倍率可以透過改變目鏡的焦距來調整。

　　進行天文觀測時，折射式和反射式望遠鏡各有優缺點，兩者的發展也受限於當時的製造技術。對折射式望遠鏡來說，因為不同顏色的光線折射率不同，各個顏色的焦點會有差異，這就是**色差**。相反地，反射式望遠鏡就沒有色差的問題，但是卻會受限於反射面的材質和平整度。

　　18 世紀，天文望遠鏡的製造技術有兩個突破性的發展。在反射式望遠鏡這方面，西元 1721 年，英國數學家哈德雷 (John Hadley) 研製出大口徑的凹面鏡。當時他交給英國皇家學會的望遠鏡口徑只有 6 英吋（約 15 公分），但是性能明顯優於口徑 7.5 英吋（約 19 公分）的折射式望遠鏡。至於在折射式望遠鏡這方面，則有了「消色差透鏡」的發明。西元 1733 年，英國配鏡師貝斯 (George Bass) 在霍爾 (Chester M. Hall) 的指導之下，組合兩種不同材質的透鏡，成功製造出消色差透鏡。過去要消除望遠鏡的色差只能延長鏡筒的長度，當時甚至出現過管長超過 45 公尺的折射式望遠鏡。消色差透鏡的發明大大減少了折射式望遠鏡的色差，讓望遠鏡可以做得更短、功能更好。19 世紀，折射式望遠鏡的發展到了極致。最著名的是美國葉凱士天文臺 (Yerkes Observatory) 口徑一公尺的折射式望遠鏡。與同樣口徑的反射式望遠鏡相比，折射式望遠鏡的製造成本一定比較高，主要有幾個原因：

⑴反射式望遠鏡的主鏡只需要磨製一面，而折射式望遠鏡的主鏡必須磨製兩面。

⑵折射式望遠鏡的主鏡是凸透鏡，外圍薄，中間厚。望遠鏡愈大，安裝之後重量愈重，結構愈容易變形，因此折射式望遠鏡對主鏡附近的結構相當重視。

⑶折射式望遠鏡的主鏡是透鏡，玻璃內部必須要完美無瑕，即使是一點點的氣泡都會影響折射式望遠鏡的性能。

　　相對來說，反射式望遠鏡就沒有這些問題，只要鏡面夠平整、反射率夠高，就可以達到天文學家的要求。1857 年，法國科學家傅科 (Jean B. L. Foucault) 發明在反射鏡面鍍銀的方法。20 世紀以後，大型的可見光望遠鏡都以反射式望遠鏡的形式做設計。無論是 20 世紀初期建造的海爾望遠鏡 (Hale Telescope)，或者是夏威夷毛納基峰上的昂望遠鏡 (Subaru Telescope)、凱克望遠鏡 (Keck Telescope) 等，基本上都是反射式望遠鏡。

▲圖 7　位在毛納基峰頂的昂望遠鏡和凱克望遠鏡 (Credits: Shutterstock)

2 苦盡甘來的深空觀察者：
哈伯太空望遠鏡

文／高文芳

　　1609 年，伽利略把自製的望遠鏡轉向夜空，發現月球表面坑坑洞洞、木星有四大衛星[1]、土星有土星環，開啟了太空觀測的第一扇窗。在這之前，天文學家只能憑著肉眼和簡單的測量儀器來觀測天體的運動。因此伽利略的望遠鏡可以說是天文學發展史上第一次重大變革，至於第二次重大變革，就是哈伯太空望遠鏡的發射與布置。

　　繼太空哈伯望遠鏡之後，望遠鏡的設計經歷了很多改良，科學家也致力於加大望遠鏡鏡片的尺寸，希望得到解析度更高的天文影像。隨著製作望遠鏡的技術漸趨成熟，人類進入太空時代以後，除了在地面布建大型望遠鏡之外，把望遠鏡放到太空也成了一個選項。

混淆地面觀測的困擾：星際物質

　　銀河系盤面被大量星際物質遮擋，因而產生很多帶狀的黑暗區塊。這些星際物質和形成恆星的物質相同，多數是分布非常稀疏的氣體塵

1.木星的四大衛星後來被稱為「伽利略衛星」，分別為木衛一 (Io)、木衛二 (Europa)、木衛三 (Ganymede)、木衛四 (Callisto)。

埃[2]。這些塵埃像霧霾一樣遮住我們的視線，造成地面觀測的困擾，早期天文學家便為了釐清這些暗區是「什麼都沒有」還是「有霧霾籠罩」而爭論不休。

由於這些星際物質的遮擋，也讓天文學家看不到銀河系的完整分布。天文學家夏普里發現星際物質在銀河盤面外的區域分布比較少，因此把注意力集中在盤面外的星系團。他學會利用變星判斷星團的距離後，進一步分析位在盤面外的星團分布，意外發現銀河系的分布比原先所預估的還要大很多，而且連太陽系的位置也跟人們原有的認知大相逕庭，不但不是位在銀河系中央，還是處在銀河系中恆星分布相對稀疏的郊區——這個驚人的發現為夏普里贏得「20 世紀哥白尼」的稱號。後來在紅外線望遠鏡的協助下，科學家終於能夠穿透星際物質，清楚看到整個銀河系的完整結構，也證實了夏普里的銀河構造推論是對的。除了星際物質之外，地球的大氣層也會阻擋屬於紅外線波段的星光。1923 年，火箭之父歐伯斯 (Hermann Oberth) 就已經在論文中提出太空望遠鏡衛星的構想，欲有效避免大氣層的干擾，觀測到更清楚的紅外線和紫外線星光。

備受挑戰的升空之旅

歷經數不完的曲折和努力，1990 年 4 月，在美國航太總署 (NASA) 和歐洲航太總署 (ESA) 的支持下，終於順利實現這個構想，把望遠鏡送上太空。這個太空望遠鏡在發現號太空梭的護送下進入衛星軌道，為了推崇天文物理學家哈伯的貢獻，被命名為**哈伯太空望遠鏡**。哈伯在 1929 年發現宇宙正在膨脹，成為支持大霹靂學說的首要基礎發現。哈伯太空望遠鏡的軌道高度大約 540 公里，約 95 分鐘就會繞地球一周，目前還在服役中。

2.詳情請參〈II-8 蒼茫星空的輪迴：星際物質〉篇。

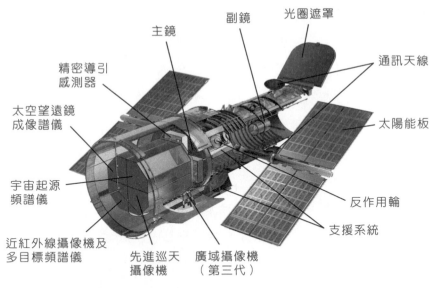

主鏡　副鏡　光圈遮罩

精密導引
感測器

太空望遠鏡
成像譜儀

通訊天線

太陽能板

宇宙起源
頻譜儀

反作用輪

支援系統

近紅外線攝像機及
多目標頻譜儀　　先進巡天　廣域攝像機
　　　　　　　　攝像機　（第三代）

▲圖 1　哈伯太空望遠鏡的構造示意圖 (Credits: NASA/GSFC)

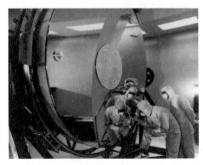

▲圖 2　口徑 2.4 公尺的主鏡鍍
上一層反射鋁薄膜後，技術人
員正在做進一步的檢查。
(Credits: NASA)

　　哈伯太空望遠鏡的體積龐大，總長 13.2 公尺，最大直徑 4.2 公尺；最初的總重量大約 10.9 公噸，經過 5 次維修任務後，慢慢增加到 12.2 公噸。常見貨櫃車的短貨櫃，長約 6 公尺、寬約 2.4 公尺，高度則約 2.6 公尺；空貨櫃約有 2.4 公噸重，因此哈伯太空望遠鏡的重量和體積大約和 5 個空貨櫃疊起來的規模差不多。

　　哈伯太空望遠鏡好不容易進入軌道，終於在 1990 年 4 月 25 日取得第一張照片。但因照片失焦、模糊，NASA 的科學家才發現鏡片設計錯誤，原先設計成天眼的哈伯太空望遠鏡，居然變成一個近視眼！

歷時 40 餘年，這個衛星計畫可說是多災多難，各國科學家嘔心瀝血的努力因為一時失察而鬧了一個大笑話，導致完全無法完成原先規劃的觀測任務。在極其尷尬的責難下，科學家們只能亡羊補牢，設法幫哈伯太空望遠鏡戴上矯正視力的鏡片。1993 年 12 月，NASA 送上太空人進行第一次維修任務。加上隨後的 4 次維修任務，到 2009 年為止總共進行了 5 次維修任務[3]。

▲圖 3　尚未鍍膜的蜂巢結構主鏡片 (Credits: NASA)

圖 4 是 1993 年的維修任務。當時電視有實況轉播，畫面上太空人受到笨重的太空裝限制，小心翼翼地拿著工具進行維修，極度緩慢的動作讓許多圍觀的民眾看得心煩氣躁，深怕小小的碰撞會毀了嬌貴的儀器。不過隨著維修任務順利完成，戴上眼鏡矯

▲圖 4　1993 年進行第一次維修任務，為哈伯太空望遠鏡戴上眼鏡矯正視力。(Credits: NASA)

正視力的哈伯太空望遠鏡終於可以為科學家提供清楚的高解析影像，為這場人為疏失畫下句點。

篳路藍縷：推動太空望遠鏡發展的重要推手

哈伯的天眼不僅為人類提供非常深遠的視野，也改變了人類的宇宙觀。但是回顧哈伯太空望遠鏡發展的故事，劇情可說是高潮迭起，好事多磨。

3.哈伯太空望遠鏡是 NASA 唯一有提供維修服務的衛星任務。

　　1946 年，美國普林斯頓的天文物理學家史匹哲 (Lyman Spitzer) 開始鼓吹衛星望遠鏡的優點。蘇聯發射人類史上第一顆衛星史普尼克號後，美國不甘落後，1957 年正在籌設的航太總署，很快就把兩顆軌道天文觀測衛星（Orbiting Astronomical Observatory，簡稱 OAO）放上太空，進行初步的紫外線觀測，為後續的大型太空望遠鏡計畫鋪路。

　　後來史匹哲積極與科學界、工商企業界接觸，開始籌備大型太空望遠鏡（Large Space Telescope，簡稱 LST）的計畫，並在 1969 年獲得美國科學院的初步同意。然而美國在同年完成阿波羅 11 號任務，實現人類首度登陸月球的壯舉之後，卻開始緊縮太空預算，史匹哲的計畫因而受到阻礙，望遠鏡的規模也因為預算減少而一再縮小。

　　隨著太空梭的發明，計畫也開始加入太空維修、替換零件儀器的設計。整個設計團隊的規模不斷擴大，參與者包括數十個承包商、來自各大學的研究人員，以及好幾個 NASA 研究中心。這個橫跨 21 州和 12 個國家的團隊，最後在 1983 年於美國的約翰・霍普金斯大學成立專門的太空望遠鏡研究所（Space Telescope Science Institute，簡稱 STScI）。在緊鑼密鼓的準備下，原本預計在 1986 年下半年要發射的計畫，又受到挑戰者號太空梭發生的爆炸事故影響而無限期延宕，最後幾經波折才在 1990 年順利進入軌道。

　　哈伯太空望遠鏡的發展，需要很多人力的支援。有無數科學家為這個計畫付出心力，其中值得一提的人除了史匹哲之外，就是美國航太總署第一位女性首席天文學家羅曼 (Nancy Roman)。羅曼出生於美國田納西州，母親是一名對大自然非常好奇的音樂老師、父親則是一位在石油公司工作的科學家。羅曼 11 歲時與朋友組織一個天文社團，每個禮拜都聚在一起討論有趣的星座和天文現象；在高中時期就已經顯現對天文研究的喜好，決定要以此作為人生的方向。

▲圖 5　1986 年 1 月，挑戰者號太空梭在升空後不久爆炸解體，執行任務的 7 名太空人全數罹難。(Credits: NASA)

　　羅曼於 1959 年順利成為美國航太總署的首席天文學家，致力於發展太空望遠鏡衛星，負責執行宇宙背景輻射探測者衛星 (COBE) 和哈伯太空望遠鏡等計畫，也因為這些關鍵的貢獻而被尊為「哈伯（太空望遠鏡）之母」，和被尊為「哈伯（太空望遠鏡）之父」的史匹哲，兩人都是推動哈伯太空望遠鏡發展的重要推手。

　　哈伯太空望遠鏡的觀測儀器很多，口徑 2.4 公尺的主鏡片除了可以蒐集可見光，還可以觀測紅外線、紫外線的資訊。哈伯太空望遠鏡自從 1990 年開始服役以來，已經提供科學家很多珍貴的影像資料，讓我們可以看清楚遙遠宇宙，也就是非常早期的宇宙影像，對天文學的發展非常重要。

▲圖 6　宇宙一角：哈伯深空。照片中發現很多以前沒發現過的星系，有些在大霹靂後 10 億年就已形成 。 (Credits: NASA/JPL/STScI Hubble Deep Field Team)

　　圖 7 是被稱為**哈伯傳奇深空**（Hubble Legacy Field， 簡稱 HLF）的影像，是哈伯太空望遠鏡繼**哈伯深空系列影像**[4]之後，於 2019 年 5 月出爐的珍貴影像，這是在不同時間對同一個角度拍攝，經過很長一段時間累積後所合成的照片，顯現出宇宙的一個小角落。這張影像中有很多科學家從未發現過的遙遠星系，照片裡有大約 26 萬 5,000 個星系的影像，有的甚至是大霹靂後 5 億年就已形成的星系。

─────────────

4.哈伯深空系列影像包含哈伯深空 (Hubble Deep Field) 、 哈伯超深空 (Hubble Ultra Deep Field) 和哈伯極深空 (Hubble eXtreme Deep Field) 。

▲圖 7　宇宙更小一角：哈伯傳奇深空。這是哈伯深空影像一小角的精細影像，照片中的星系有些在大霹靂後 5 億年就已形成。
(Credits: NASA/ESA/G. Illingworth & D. Magee (University of California, Santa Cruz)/K. Whitaker (University of Connecticut)/R. Bouwens (Leiden University)/P. Oesch (University of Geneva)/the Hubble Legacy Field team)

3 展望宇宙的臺灣之眼：鹿林天文臺

文／陳文屏、林宏欽、張光祥

鹿林天文臺位於臺灣南投縣與嘉義縣交界之鹿林前山，緊鄰玉山國家公園，是臺灣最重要的光學天文基地，兼具研究與教育功能。

▲圖 1　俯瞰鹿林天文臺的全貌（Credits：國立中央大學天文研究所）

為什麼選在高山上建立鹿林天文臺？

　　此地受冬季東北季風、夏季西南氣流和颱風的影響較小；受惠於國家公園的優越環境，加上位處高山，空氣汙染和塵埃少，大氣透明度高，光害也較小；由於海拔高、大氣稀薄，所以消光較小，大氣寧靜度[1]較好，秋冬兩季尤其適合觀測。

鹿林天文臺的基本檔案

・地理位置：東經 120°52′25″，北緯 23°28′07″
・海拔：2,862 公尺
・夜天光背景[2]：每平方角秒的視星等為 21.28 星等
・大氣寧靜度：星點平均視角為 1.39 角秒
・年平均觀測時間：1,450 小時（約 180 個夜晚，以每晚 8 小時計）

　　鹿林天文臺的開發緣起於 1990 年，由當時任職於中央大學天文所的蔡文祥教授與張光祥先生，考量臺灣各地的晴天率、海拔、後勤支援等因素，並歷經 3 年的大氣寧靜度、氣候、夜天光背景等條件調查後才選定臺址。

　　天文臺所使用的電力由臺電提供，玉山國家公園和中華電信的基地臺則分別提供用水和網路通訊服務。此外，天文臺內也設有自動氣象站、全天域相機以及雲量監測儀等儀器設備，可作為觀測參考。

1.大氣寧靜度：大氣擾動對星光成像的影響程度。以星點的視角表示，視角愈小表示大氣寧靜度愈好，觀測到的星像愈清晰。

2.夜天光背景：夜空背景的亮度。星等數字愈大，表示亮度愈低，意即光害愈小，能夠觀測愈暗的天體。

鹿林天文臺有哪些設備？

基地內設置了數座小型可見光望遠鏡。除了有鹿林一米望遠鏡（Lulin One-meter Telescope，簡稱 LOT）、中美掩星計畫（Taiwanese-American Occultation Survey，簡稱 TAOS）的 4 座 0.5 米自動望遠鏡、0.4 米超輕型望遠鏡（Super Light Telescope，簡稱 SLT40）、鹿林廣角望遠鏡（Lulin Wide-field Telescope，簡稱 LWT）進行天文觀測外，另有成功大學的紅色精靈[3]地面觀測與極低頻無線電波偵測系統 (ELF)、中央大學的氣暉全天相機、土石流偵測預警系統，以及環保署的鹿林山大氣背景測站 (LABS) 等設備，記錄大氣、環境、太空、地震等觀測數據，為我國珍貴的高山科學基地。

⑴鹿林一米望遠鏡 (LOT)：

鹿林天文臺最大的望遠鏡——LOT，同時也是目前臺灣口徑最大的通用型光學望遠鏡。LOT 具備良好的光學成像品質、指向和追蹤精度，並配備高靈敏儀器，包括專業天文相機，以取得天體影像，並測量在不同可見光波段的亮度。另外也配置低色散光譜儀及偏振儀等，藉以取得天體光譜或偏振訊息。

▲圖 2 鹿林天文臺的一米望遠鏡
（Credits：國立中央大學天文研究所）

LOT 由德國 APM 公司製作，屬於卡塞格林反射式望遠鏡，由於採用鏡後端對焦座，因此卡焦儀器限重 50 公斤。LOT 觀測目標包括太陽系天

3.紅色精靈：積雨雲層上方發生的放電現象，由於主要發出紅光，而且發生的時間非常短暫不易捉摸，因此被稱為紅色精靈。

▼表 1　鹿林天文臺配置的小型可見光望遠鏡（依口徑大小排列）

望遠鏡	口徑	種類	焦比[4]	運作期間
LOT	100 cm	卡塞格林 (Cassegrain) 反射式望遠鏡	F/8	2003–
SLT76	76 cm	里奇－克萊琴 (Ritchey-Chrétien) 反射式望遠鏡	F/9	2000–2002
TAOS	50 cm×4	反射式望遠鏡	F/2	2005–2016
SLT40	40 cm	里奇－克萊琴反射式望遠鏡	F/8.4	2006–
LWT	40 cm	反射式望遠鏡	F/3.8	2018–
L35	35 cm	施密特－卡塞格林 (Schmidt-Cassegrain)	F/8.25	2012–2017
LELIS	10 cm×3	攝影鏡頭	F/1.8	2002–2008

體、銀河系中的恆星、變星、星團及鄰近星系等，除了提供中央大學師生研究與教學之用，也開放國內、外學者申請使用。

　　某些宇宙現象有時效性，例如星球爆發、掩星等，隨著地球自轉，只有面對該天體的觀測者才能夠看到。由於臺灣位處西太平洋，向東 6 個時區內缺乏其他天文臺，因此對於會隨時間變化，需連續監測的天象，或是國際間需要位在不同經度的天文臺（或太空望遠鏡）針對特定天體聯合觀測時，鹿林天文臺便扮演著舉足輕重的角色。

　　多年來，鹿林天文臺的望遠鏡積極參與此類計畫，例如：全球望遠鏡聯合觀測（Whole Earth Telescope，簡稱 WET）聯合不同時區的望遠鏡，接力監測恆星的亮度變化，以星震[5]手段探討恆星內部結構；

---

4. 焦比：口徑與焦距的比值。詳情請參〈IV-1 星夜集光者：光學望遠鏡〉篇。

5. 星震：利用亮度變化或光譜都卜勒效應研究天體的震動，藉此瞭解無法直接觀測的恆星內部結構，其原理類似利用地震波研究地球的內部結構。

全球蝎虎 BL 類星體聯合觀測 （Whole Earth Blazar Telescope ， 簡稱 WEBT）監測活躍星系核，藉此研究黑洞與噴流的性質[6]；年輕系外行星掩星觀測計畫（Young Exoplanet Transit Initiative，簡稱 YETI）則監測星團成員、搜尋系外行星造成的凌星事件等，均與國際天文臺建立良好合作模式，並取得優良成果。

啟用至今，鹿林天文臺的望遠鏡共發現 15 顆超新星、800 餘顆小行星，以及一顆彗星。每年通常約有十幾個研究計畫利用 LOT 執行，使用 LOT 數據發表的研究論文已超過百篇。除了研究之外，LOT 也支援大學、高中及社教機構進行觀測教學實習，另有多座小型望遠鏡提供特定課題使用。

⑵中美掩星計畫 (TAOS)：

天文臺原來設有 4 座 TAOS 望遠鏡，由中央研究院天文所、中央大學天文所、美國哈佛史密松天文物理中心，以及韓國延世大學共同合作。每座望遠鏡的口徑 50 公分，具備 3 平方度[7]的超廣角視野，全年監測可能由柯伊伯帶天體造成的掩星事件，藉以估計分布在太陽系外圍的小型天體數量。

TAOS 計畫自 2005 年開始運行，累積 6 年的觀測結果一共收集超過 10 億筆恆星光度的測量數據，因為沒有偵測到任何掩星事件，提供了柯伊伯帶天體的數量上限。第一代 TAOS 的設備已於 2016 年拆除、撤離，第二代的海王星外自動掩星普查計畫 （Transneptunian Automated Occultation Survey，簡稱 TAOS-II）選在墨西哥的聖彼德羅

6.詳情請參〈I-4 大大小小的時空怪獸：黑洞面面觀〉、〈V-8 內在強悍的閃亮暴
　走族：活躍星系〉篇。

7.平方度：一度乘以一度的天空範圍。例如滿月的張角約半度，3 平方度相當於
　10 個滿月的天空面積。

瑪蒂爾天文臺 (San Pedro Mártir Observatorio) 落腳，一共有 3 座口徑 1.3 米的望遠鏡。

⑶超輕型望遠鏡 (SLT)：

中央大學天文研究所於 1997 年獲得太空計畫室（現在的國家太空中心）補助，興建鹿林第一座天文臺 "SLT"。1999 年 SLT 完工後，內部安裝自行設計、製造的 76 公分超輕型望遠鏡 (SLT76)，並從 2000 年開始進行觀測，是鹿林天文臺初期最重要的觀測設

▲圖 3　鹿林天文臺的 40 公分超輕型望遠鏡（Credits：國立中央大學天文研究所）

備。SLT76 於 2005 年換裝口徑 40 公分的超輕型望遠鏡 (SLT40)，並自 2006 年開始進行鹿林巡天計畫（Lulin Sky Survey，簡稱 LUSS），搜尋太陽系小天體。計畫進行 3 年期間共發現 800 多顆小行星，其中有 400 多顆已獲得永久編號，小行星發現數量排名世界第 47。

目前鹿林天文臺發現的小行星已有 100 多顆得到永久命名，名稱涵蓋臺灣的代表性人物、團體、地理、山水及原住民族等。2007 年 LUSS 首度發現彗星 (C/2007 N3) 與近地小行星 (2007 NL1)，該彗星後來被命名為**鹿林彗星** (Comet Lulin)。LUSS 計畫結束後，自 2010 年起 SLT40 投入變星、彗星的長期監測工作。

⑷善用地理優勢的觀測策略：

鹿林天文臺的主要策略是利用小型望遠鏡的機動性，以及臺灣本身的觀測條件優勢，與其他的天文臺合作、競爭。臺灣的地理位置緯度較低，因此可以觀測範圍較大的南半球天空；而經度方面則可以跟

國際間的其他天文臺互補。對於需要長期監測或瞬變的天文現象（如超新星及伽瑪射線爆等），鹿林天文臺參與跨國合作，在全球天文觀測網和太空與地面的聯合觀測中占據不可或缺的位置。比如 2006 年中央大學天文所參加夏威夷大學主導的**泛星計畫** (Pan-STARRS)，另外近年加入由加州理工學院主導的**茲威基瞬變探測利器**（Zwicky Transient Facility，簡稱 ZTF），並加入**伊甸園觀測網**（Exoearth Discovery and Exploration Network，簡稱 EDEN），以搜尋鄰近太陽之 M 型恆星周圍可能位於適居區內的系外行星[8] 等，都因為地理位置的優勢，能藉由鹿林天文臺的設備追蹤並確認新的科學發現。

在臺灣近百年的天文發展史上，鹿林天文臺締造了多項紀錄，包括首度發現小行星、首度發現超新星、首度發現彗星、首度發現近地小行星及首度進行小行星命名。天文臺的望遠鏡口徑雖然小，但做為天文教育與基本研究工具，多年來配合規劃的課題立基，亦取得良好的成果。

8.詳情請參〈V-1 遙遠的鄰居：系外行星〉篇。

4 宇宙收音機：
無線電望遠鏡

文／賴詩萍

　　什麼是無線電呢？無線電又稱為無線電波，或簡稱電波，本質上跟我們眼睛可以看到的可見光相同，都是電磁波，只是波長比較長，大約在 0.3 毫米以上。無線電在生活中很常見，例如手機就是利用無線電來傳遞訊息的；汽車裡常有的收音機也是接收電臺傳來的無線電訊號。

無線電波有什麼用處？

　　地球的大氣層對於從太空來的電磁波有阻擋的效用，這個性質能保護我們的皮膚不會輕易被紫外線傷害，但是如果大氣阻擋了所有的電磁波，我們就沒辦法看到燦爛的星空了！所幸大氣層留了兩個波段，讓人類不用飛上太空也可以探索宇宙，其中一個是我們能看到的可見光以及緊鄰的近紅外線，另一個則是無線電波，就像開了兩扇窗一樣，因此這兩個波段也被天文學家稱為**大氣窗口**。假使人類的眼睛也可以看到無線電波，將會看見無線電波跟可見光所呈現的夜空一樣燦爛！

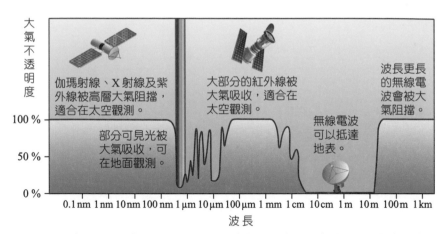

大氣不透明度

伽瑪射線、X 射線及紫外線被高層大氣阻擋，適合在太空觀測。

大部分的紅外線被大氣吸收，適合在太空觀測。

波長更長的無線電波會被大氣阻擋。

部分可見光被大氣吸收，可在地面觀測。

無線電波可以抵達地表。

100 %

50 %

0 %

0.1 nm 1 nm 10 nm 100 nm 1 μm 10 μm 100 μm 1 mm 1 cm 10 cm 1 m 10 m 100 m 1 km

波長

▲圖 1　大氣不透明度（100% 表示電磁波無法穿透大氣層）與電磁波波長的關係，顯示大氣對於無線電波是透明的。(Illustration design: macrovector/vectorpocket/Freepik)

可惜因為眼睛的極限，人類一直等到電機工程有了初步發展，建造出無線電望遠鏡以後，才真正以無線電波欣賞到無與倫比的夜空之美。

無線電天文學之父──央斯基

　　世界第一座無線電望遠鏡跟上個世紀的電視天線類似，是線狀的，靠導電金屬感應無線電波的振盪接收訊號，由美國貝爾電話公司的工

▲圖 2　央斯基及他設計的無線電天線
(Credits: NRAO)

程師央斯基 (Karl G. Jansky) 建造，原先的目的是要研究越洋無線電話可能受到的雜訊干擾，然而央斯基卻意外發現每天都會出現一個固定的電波訊號。起先他猜測這個訊號可能來自太陽，但在仔細量測以後發現每次訊號出現的時間間隔

是 23 小時又 56 分鐘，與恆星繞地球的週期相同，因此確定訊號的來源位在太陽系之外。而我們現在已經知道，這個強大的電波源其實就是銀河系中心的超大黑洞。

無線電望遠鏡的構造

由金屬杆組成的線狀無線電望遠鏡，多數用於偵測波長較長的無線電。波長較短的電波，則需要用到碟狀天線，如美國綠岸天文臺望遠鏡 (Green Bank Telescope)。碟狀天線的功能如同可見光的反射望遠鏡，能把宇宙傳來的無線電波聚集在焦點上。測量無線電的天文儀器，如「接收機」或「光譜儀」，就放置在焦點上。這些天文儀器的後端還會接上電波的傳輸線，把接收到的訊號記錄到電腦裡，讓天文學家進行分析。

▲圖 3　美國綠岸天文臺的綠岸望遠鏡 (Credits: NRAO)

　　綠岸望遠鏡是目前世界上最大，且能自己轉動的單口徑望遠鏡[1]，鏡面為橢圓形，長軸約 110 公尺，短軸則約 100 公尺。可以想見，這麼大的望遠鏡需要很堅固的支撐結構，轉動時也需要極高的穩定性，因此已達到現代工程的極限。但是對天文學家而言，這樣的望遠鏡還是不夠大！為了建造更大的望遠鏡，天文學家在 1960 年代就發明了挖掘山谷、以地面支撐望遠鏡鏡面的方法，建造出**阿雷西博望遠鏡**(Arecibo Telescope)。這個口徑約 305 公尺的超大望遠鏡位於波多黎各，曾是世界上最大的單口徑望遠鏡（但不能轉動）。此稱號在 2016年被中國貴州的 **500 米口徑球面無線電望遠鏡**（Five-hundred-meter Aperture Spherical radio Telescope，簡稱 FAST）奪走。

▲圖 4　阿雷西博望遠鏡 (Credits: Arecibo Observatory, a facility of the NSF)

1.非單口徑的望遠鏡將在下文作介紹。

望遠鏡的解析度

　　無線電望遠鏡愈蓋愈大，並不是因為無線電天文學家特別貪心，而是因為望遠鏡能得到多仔細的影像，取決於望遠鏡的「解析度」（θ），而望遠鏡的解析度是由望遠鏡的口徑 (D) 及電磁波的波長 (λ) 決定，三者的關係如下：

$$\theta = 1.22 \frac{\lambda}{D}$$

因為無線電波的波長比可見光長千倍以上，因此無線電望遠鏡的口徑也必須比可見光望遠鏡大千倍以上，才能達到相同的解析度。

改善解析度的有利工具：無線電干涉儀

　　為了解決無線電望遠鏡解析度太差的問題，英國天文學家賴爾 (Martin Ryle) 設計出革命性的**干涉儀望遠鏡陣列**，也就是將許多小望遠鏡擺在一起，共同組成一個大望遠鏡。在這樣的系統下，干涉儀的有效口徑便相當於距離最遠的兩個小望遠鏡之間的距離，如此一來便可將口徑拉大到數公里！賴爾解決了合成小望遠鏡訊號的數學難題，這個貢獻使他得到諾貝爾物理獎，更重要的是，自此以後天文學家終於可以在同樣的尺度下比較可見光與無線電的分布了！

　　最著名的兩個無線電干涉儀，分別是美國的**央斯基非常大陣列**（Karl G. Jansky Very Large Array，簡稱 JVLA），以及位於智利的**阿塔卡瑪大型毫米波與次毫米波陣列**（Atacama Large Millimeter/submillimeter Array，簡稱 ALMA）。這兩個干涉儀的不同之處在其接收的波長。JVLA 的第一代在 1973 年就建造完成，測量的波長範圍在

▲圖 5　阿塔卡瑪大型毫米波與次毫米波陣列 (Credits: ESO/C. Malin)

0.7 公分到 4 公尺之間。ALMA 測量的波長是毫米 (mm) 及次毫米（即零點幾個 mm）的範圍，而這種短波長無線電波的接收機，需要有超導[2]零件來降低雜訊，因此 ALMA 遲至 2013 年才開始能讓天文學家使用。建造 ALMA 所需的經費龐大，需結合國際的力量，包括美洲、歐洲、東亞在天文研究上有較大投資規模的國家幾乎都有參與，臺灣也參與了 ALMA 的建造與維護，而且迄今已經運用 ALMA 的觀測資料得到豐富的成果！

　　無線電干涉儀組成的望遠鏡，相互之間的距離可以很遠，現在的技術甚至可以讓遠在不同大陸的望遠鏡干涉[3]成功。現今最大的跨洲干涉儀是**事件視界望遠鏡**（Event Horizon Telescope，簡稱 EHT），包含 ALMA 以及世界上其他大型的次毫米望遠鏡，臺灣除了 ALMA 之

2.超導：電阻為零的特性。

3.干涉：當兩列或兩列以上的波相互重疊，產生新波形的物理現象。

外，也貢獻了**格陵蘭望遠鏡**（Greenland Telescope，簡稱 GLT）。EHT
的基線長度最長等效於地球直徑（約 12,742 公里），使其解析度最高
可達 17 微角秒。天文學家需要這樣的高解析度來分析黑洞及其陰影的
影像，此黑洞影像的理論預測可在電影《星際效應》中看到。

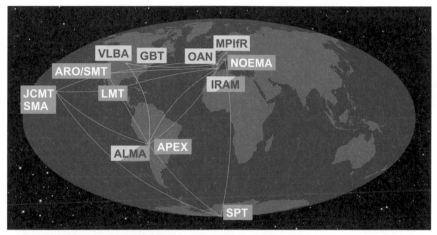

▲圖 6　事件視界望遠鏡 (Credits: ESO/O. Furtak)

▲圖 7　包含廣義相對論的黑洞理論，預測能看到黑洞背後傳來的光，稱
　　　為黑洞陰影 (black hole shadow)。(Credits: Shutterstock)

5 遠近有譜：
都卜勒效應和宇宙紅移

　　自古以來，人們對天上繁星賦予了諸多想像，更想藉由觀測星辰的運行來揣摩宇宙的奧祕。1929 年，當哈伯在那張記錄著不到 30 個星系的速度與距離的關係圖上大筆一揮，整個宇宙似乎在那一瞬間震動了起來！

　　「宇宙膨脹」可說是 20 世紀最名實相符的「驚天動地」大發現，而**宇宙紅移** (cosmological redshifts) 則是「動態空間」的具體呈現。要理解宇宙膨脹的觀念，我們得先回顧天文學家如何測量遙遠天體相對於我們的運動速度，以掌握宇宙紅移的精義。

　　從天而降的星光，往往攜帶著豐富的天體資訊。電磁波是紫外線、可見光、紅外線、無線電波等各色、各頻段光線的統稱。由於光速是頻率與波長的乘積，不同顏色的光，具有不同的頻率，對應到電磁波譜的不同波段上。

揭開不連續光譜的神祕面紗

早在 19 世紀初期，人們便已知道當高熱物體發出的光照向稜鏡的一端時，經過稜鏡的折射後，會在另一端投射出如彩虹般從紅到紫的連續色光分布，稱為**連續光譜**。此外，將包含某特定元素的氣體加熱至發光並讓光線射向稜鏡時，會在某些特定波長上出現明亮的線條，這些線條稱為發射譜線。由發射譜線所形成的光譜，我們稱之為**發射光譜**。若在一光源與觀測者之間放置特定元素氣體，則會在由光源形成的連續光譜上製造出特定波長的暗淡線條，稱為吸收譜線。若連續光譜中包含了吸收譜線，我們稱此光譜為**吸收光譜**。至於這些不連續的譜線究竟是什麼？其背後的物理機制又是怎麼一回事？這些問題直到 20 世紀量子力學誕生後，科學家才終於揭開這層神祕的面紗。

早期量子物理學家根據嚴格的量子化條件建構出原子模型，才成功地解答了上述的疑問。假設原子中的電子只能具有某些非常明確的能量，且這些能量如階梯般分布[1]，能階愈高，所具有的能量值愈大。當原子被光轟擊時，只有具備恰當能量值（或特定頻率）的光線才能被吸收，使電子從某一個較低的能階躍升到另一個較高的能階；而所有其他頻率的光線都將毫無窒礙地直接穿過原子或被其反射。另一方面，當電子處在較高能階時，雖具有較高的能量，但也相對不穩定，因而傾向拋掉多餘的能量，以便降回較低的能階，而被拋掉的能量就化成帶著特定頻率的光發射出來。換言之，原子只會吸收或發射出具有特定頻率的光線，因此透過稜鏡觀察特定元素氣體的光譜時會發現，光譜中呈現出特定的亮線或暗線[2]。

---

1. 如階梯般分布，意即能量的分布是不連續的。

2. 光譜中特定的亮線或暗線所對應到的就是被發射或被吸收的特定頻率的光。

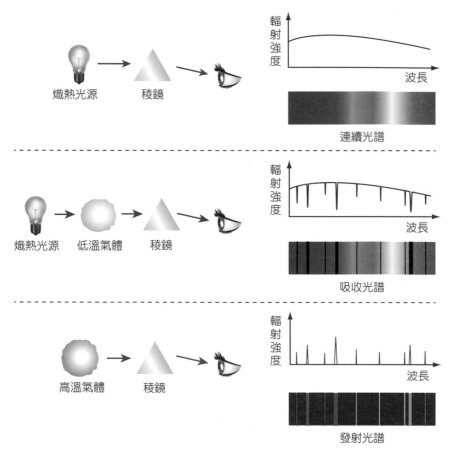

▲圖 1　稜鏡可用來解析高溫物體發出的光線，形成色光如彩虹般分布的連續光譜。吸收譜線或發射譜線則可依據氣體、光源和觀測者三者間的相對位置來判定。(Illustration design: Freepik)

　　當然，19 世紀的科學家沒學過量子力學，不會知曉這些譜線的成因，但他們透過實驗測量，確實發現不同的材料具有不同的譜線。在 1850 年代前，科學家們便已認清每種元素皆擁有獨特的特徵譜線。因此，元素發出的譜線就如同該元素的特殊指紋一樣，我們可以藉由觀測光譜的特徵來鑑別元素。

都卜勒效應

1848 年，法國科學家菲佐 (Armand H. L. Fizeau) 發現，藉由測量光譜線的變動，就可以測定發光體與觀測者間的相對運動關係。這基本上與奧地利物理學家都卜勒 (Christian A. Doppler) 於 1842 年發現聲波波源與觀測者有相對運動時，觀測者接收到的聲波頻率與波源發出的頻率不同的現象一致，也就是**都卜勒效應** (Doppler effect)。

> **都卜勒效應**
>
> 當波源朝向觀測者運動時，觀測者所接收到的聲波頻率比波源發出的高；相反地，當波源背離觀測者運動時，觀測者所接收到的聲波頻率比波源發出的低。

舉例來說，當救護車不停向你逼近，你聽到的警鈴聲會變得愈來愈高亢；當救護車逐漸遠離你，你聽到的警鈴聲則會愈變愈低沉。

想像有一部火車與我們相隔某段距離，車上有一位鼓手正以固定的時間間距擊打鼓面，發出清晰的鼓聲。由於火車仍在一段距離外，聲波的傳遞需要時間[3]，所以每當鼓面受到敲擊時，我們經過一段時間後才會聽到該次敲擊的鼓聲響起。距離愈遠，該次鼓聲抵達我們所在位置所需的時間就愈長。假如火車正朝著我們的方向前進，則火車與我們之間的距離會隨著每次擊鼓的瞬間而縮短，使得鼓聲抵達我們所在位置所需的時間也隨之縮短。因此，即使鼓手擊鼓的節奏固定，實際上我們聽到連續擊鼓聲的時間差卻比鼓手每次擊鼓的時間差要來得短。擊鼓的時間差變短，也就是鼓聲的週期縮短，代表擊鼓時所發

---

3. 一般狀況下，聲速約每秒 340 公尺左右。

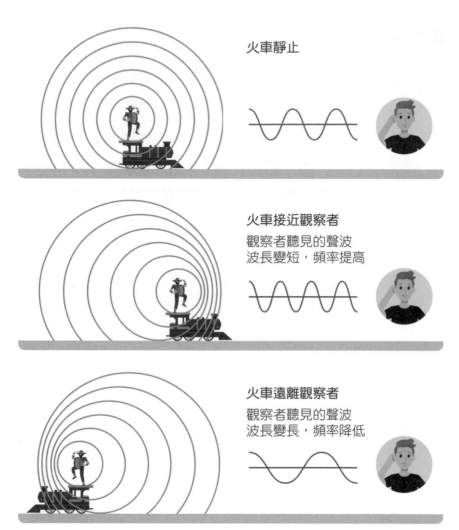

火車靜止

火車接近觀察者
觀察者聽見的聲波
波長變短，頻率提高

火車遠離觀察者
觀察者聽見的聲波
波長變長，頻率降低

▲圖 2　都卜勒現象示意圖 (Illustration design: Freepik)

出的聲波波長變短，聲音的頻率因而升高。相反地，若火車逐漸遠離
我們，與觀測者之間的距離變長，鼓聲波長會因而展延，聲音頻率也
就隨之降低了。

都卜勒紅移和宇宙紅移

具有波動特性的光也會出現同樣的效應，這就是前述菲佐在 1848 年的預言。天文學家觀測天體光譜時，只要比較測量到的特徵譜線與期望看到的譜線，確定兩者間的差異，就能推論光源的移動速度。

事實上，我們可以預先觀察靜止光源的特徵譜線分布，接著再與測量到的特徵譜線分布加以比較，分別得到每條譜線的偏移量，即可計算出光源相對於觀察者移動時所引起的波長變化。波長差異愈大，代表光源移動的速度愈快。若光源朝我們靠近，測得的譜線波長會比相對靜止時來得短，所觀測到的光波頻率相對提高，這時特徵譜線將朝連續光譜上的藍光波段偏移，此現象稱為**都卜勒藍移** (blueshift)。反之，若光源遠離我們，測得的譜線波長比原波長還長，所觀測到的光波頻率相對降低，譜線就會向紅光波段偏移，稱為**都卜勒紅移** (redshift)。

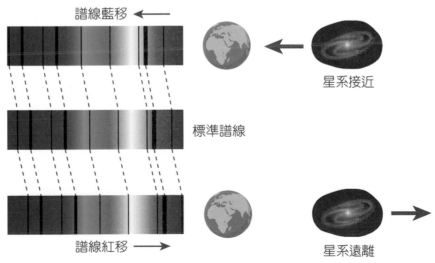

▲圖 3　星系接近地球，特徵譜線顯示藍移；星系遠離地球，特徵譜線顯示紅移。(Illustration design: Freepik)

　　雖然波源與觀測者的相對運動會造成彼此間的距離隨時間變化而呈現出都卜勒效應，但相對運動並不是導致波源與觀測者間距變化的唯一因素。大霹靂理論認為，在廣闊的時空尺度上，星系本身的局部運動速率遠小於空間膨脹的速率。因此，我們基本上可將每個星系視為靜止且固定在空間中其原先所占據的位置。這樣一來，當空間膨脹時，遙遠星系相對於我們之間的距離就會隨著時間累積而增加，造成星系特徵譜線朝紅光波段偏移的現象，這就是所謂的**宇宙紅移**。

　　在此必須強調宇宙紅移與都卜勒紅移的觀念差異。乍看之下，這兩個現象都是光源與觀測者間的距離隨時間增加所引起的效果，但起源卻大異其趣：都卜勒紅移是相對運動造成的，但宇宙紅移卻是因空間膨脹導致距離擴增而呈現在光譜上的結果，並非天體實質穿越廣大空間所成就的變化，兩者不可混為一談！

6 上帝的望遠鏡：
重力透鏡

文／李沃龍

　　重力透鏡的基礎是光在空間中傳播時，因受到區域重力場影響而發生偏折的效應，此效應是愛因斯坦等效原理的直接體現。想像一下，當你乘坐一臺無窗電梯時可能遭遇的兩種狀況：加速向上與自由落下。當電梯加速向上的瞬間，你的身體因為慣性而靜止於原來的高度上，但電梯硬把你往上推，你會感受到體重似乎驟然增添了不少；另一方面，當你搭電梯下樓時，在電梯從靜止開始下降的瞬間，慣性試圖將你保持在原來的高度上，但當電梯突然下降時，身體失去支撐，你就誤以為身處在自由落下的狀態，重力的牽引倏忽消失，體重好像瞬間歸零。

行星們為什麼會轉彎？

　　這就是愛因斯坦在 1907 年發現的等效原理：引力造成的效應與物體加速運動時的效應是相等的[1]！愛因斯坦據此悟出引力其實算不上是一種「作用力」，運動中的物體所感受到的引力大小基本上與其質量

1.詳情請參〈III-1 科學巨擘們的傳承故事：伽利略、牛頓與愛因斯坦〉篇。

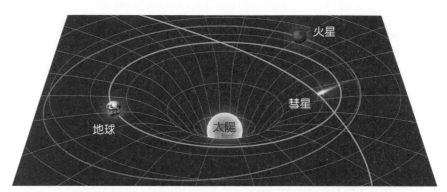

▲圖1　若將空間視為有彈性的橡皮膜，可看出行星軌道的成因是來自太陽周遭空間被其龐大質量所扭曲，迫使原本直行的行星因應彎曲空間的形狀運動，形成會順勢轉彎的軌道。

無關，而是受到空間彎曲的影響。當空間中存在具有質量的物體時，它就會成為重力場源，並且使周圍的空間彎曲。空間彎曲的程度取決於重力場源的質量：重力場源的質量愈大，代表重力場的強度愈強，會使空間彎曲得愈厲害。太陽系的行星軌道就可以用這種概念來理解：太陽的龐大質量會造成整個太陽系空間發生彎曲[2]，當行星在太陽所產生的重力場中移動時，我們以為它們是自己向前直行的，事實上這些行星卻是被迫因應彎曲的空間形狀而運動，順勢轉彎形成各自的繞日軌道。

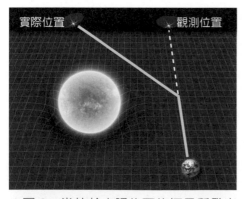

▲圖2　當位於太陽後面的恆星所發出的光緊鄰著太陽旁邊通過時，其運動路徑會因受到太陽重力場的影響而偏折。由於地球上的觀測者總是想像光是沿直線傳播過來，因此會認定發光的恆星位在直線延伸的正前方。

光在空間中傳播時，會受到區域重力場的影響而發生偏折，這種現象也可以用相同的

2.比起太陽的質量，各行星的質量太小而可忽略。

方式解讀。由於重力不是一種「作用力」，因此被重力吸引的物質，無論是否具有質量，在向前直行的移動過程中，都會受空間彎曲的影響而順勢轉彎，造成運動路徑的偏折。愛因斯坦曾經因此預言：「當星光緊鄰著太陽周邊通過時，會受太陽重力場扭曲而偏折。」此現象在1919 年天文學家觀測日食的時候被證實為真，愛因斯坦本人更因此而聲名遠播。

擺在宇宙中的天然放大鏡：重力透鏡

　　當遙遠光源發出的光行經大質量天體周邊的空間時，會受到該天體的重力場影響而產生偏折，在另一端聚焦成像，這就如同光線通過透鏡時會發生的現象，因此我們將此效應稱為**重力透鏡**。另外，造成光線偏折的天體被稱為透鏡天體，而光線在偏折聚焦後有可能形成光源的多重影像。任何具有質量的天體，都可能使行經其周遭的光線發生偏折，因此在各種不同尺度上，都可能觀察到重力透鏡的現象。根據尺度與效果的差異，天文學家一般將重力透鏡分為三類：**微重力透鏡、弱重力透鏡、強重力透鏡**。

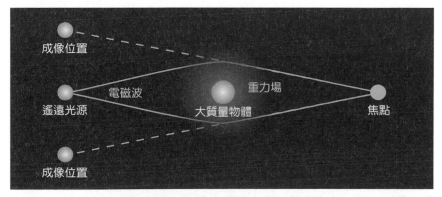

▲圖 3　重力透鏡成像的基本原理：遙遠光源所發出的光，經大質量天體造成偏折後，在另一端聚焦成像。

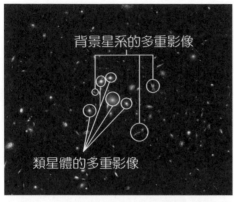
背景星系的多重影像

類星體的多重影像

▲圖4　重力透鏡產生壯觀的多重影像。圖中透鏡天體的強大重力場，對同一個背景星系製造出 3 個不同影像，另對一個遙遠的類星體製造出 5 個不同影像。(Image credits: NASA/ESA/K. Sharon (Tel Aniv University)/E. Ofek (Caltech))

⑴微重力透鏡：

　　當透鏡天體的質量僅相當於恆星等級時，所造成的重力透鏡效應比較微弱，因此被稱作微重力透鏡。由於微重力透鏡天體的重力場不夠強大，一般無法讓我們觀測到微透鏡成像，但足以在光譜上呈現出背景光源光度瞬間增強的現象。天文學家利用這項背景天體光度變化的特性來搜尋分布在銀河系中的暗淡天體，包括黑洞、中子星、白矮星、紅矮星、棕矮星，甚至是系外行星等。

⑵弱重力透鏡：

　　目前宇宙學的主流模型認為太空中布滿了數量龐大的暗物質[3]。由於這些奇異的暗物質並不與電磁波作用，我們只能透過重力作用辨識它們的存在。遙遠星系發出的光在穿越廣闊空間抵達地球的途中，必然會遭遇暗物質，因此理論上來說，大多數星系的影像都經過暗物質重力場的扭曲，發生大約 1% 程度的形變，這就是所謂的弱重力透鏡效應。

　　透過統計星系團的平均透鏡效應，我們不需要知道星系團中個別星系的影像究竟遭受多大程度的扭曲，就能量測弱重力透鏡。為達此目的，宇宙學家必須先假設就整體而言，星系團裡所有的星系大致都呈現橢球狀外觀。另外，還需假設這些星系形狀的方位在太空中隨機

3.詳情請參〈II-9 遮掩天文學發展的兩朵烏雲：暗物質與暗能量〉篇。

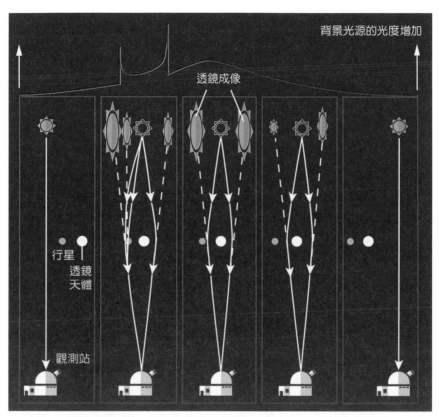

▲圖 5　當行星或矮星等暗淡天體經過觀測者與背景光源之間時，會造成
背景光源的光度發生增長性的變化，此即所謂的微重力透鏡效應。
(Reference: The Planetary Society; illustration design: macrovector/Freepik)

分布，並不遵循一定的走向。倘若該天區真的出現了弱重力透鏡效應，
當透鏡會聚光線時，會將所有星系的影像朝某一方向拉伸，這樣一來，
該天區星系形狀的方位便會朝某一特定走向排列，偏離原本無規律分
布的形態。宇宙學家可據此測量出弱重力透鏡的大小，利用弱重力透
鏡效應，做為探測宇宙間暗物質分布的利器。

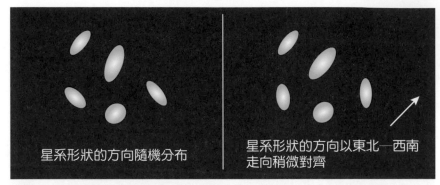

星系形狀的方向隨機分布　星系形狀的方向以東北—西南走向稍微對齊

▲圖 6　左側圖案顯示星系形狀的方位分布並無規律；右側圖案則顯示星系形狀的方位大致朝東北—西南的走向排列。

⑶強重力透鏡：

　　當重力透鏡效應強大到可讓我們直接看見天體影像的形變或多重影像時，稱為強重力透鏡效應。強重力透鏡通常發生於大尺度的宇宙範疇裡，由質量巨大的星系團與其擁有的暗物質來扮演透鏡天體的角色。當更遙遠的背景星系發出的光通過這些透鏡天體時，往往會被其強大的重力場大角度偏折，星系的影像因而被劇烈扭曲，造就出外形詭異卻異常壯觀的天文奇景，例如愛因斯坦環、愛因斯坦十字架、深空笑臉及多重影像等。

搜尋宇宙早期形成的星系

　　重力透鏡效應除了作為暗物質存在的直接證據外，更可用來搜尋宇宙早期星系的蹤影。由於重力透鏡的聚焦功能，非常遙遠的大質量星系團基本上就等同於宇宙級放大鏡，有如上帝手中的終極望遠鏡，映照出大霹靂後 5 億年內即已形成的星系影像。

　　NASA 在 2018 年初宣布，透過星系團 SPT-CL J0615-5746 的聚焦，哈伯太空望遠鏡觀測到在早期宇宙所形成的一個胚胎星系 SPT0615-JD 的影像。通常在如此遙遠的深空裡拍攝到的星系都只是點

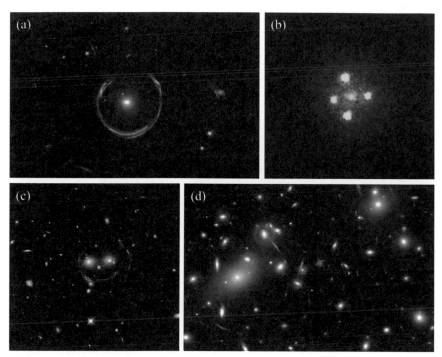

▲圖 7 (a)愛因斯坦環；(b)愛因斯坦十字架；(c)深空笑臉；(d) Abell 2218
星系團的強大重力扭曲了背景星系的影像，並形成多重影像。(Credits: (a)
NASA/ESA/HST; (b) NASA/ESA/STScI; (c) NASA/ESA/JPL-Caltech; (d) NASA/A.
Fruchter (STScI) et al./WFPC2/HST)

狀光影，無法透露更多早期星系的物理特性。但 SPT-CL J0615-5746
星系團不僅放大了 SPT0615-JD 的影像，更將其外貌扭曲延展成一個
長約 2 弧秒[4] 的拱形天體。在分析這個透鏡影像後，天文學家發現
SPT0615-JD 的質量不超過 30 億倍太陽質量，約為銀河系質量的 1%；
而其真實大小則不及 2,500 光年，大約只有我們銀河系的衛星星系小
麥哲倫雲的一半左右。可見早期星系的性質，與我們銀河系這種現代
星系大相逕庭。未來，隨著觀測到愈來愈多這類胚胎星系的透鏡影像，
相信我們終能掌握星系形成的祕密！

4.弧秒：arc second，量測角度的單位，又稱為角秒。1 度等於 60 角分，1 角分等
　於 60 角秒。

▲圖 8　胚胎星系 SPT0615-JD 的透鏡影像。SPT0615-JD
在大霹靂後 5 億年內即已形成，是一個質量、寬度皆遠
遠不及現代星系的宇宙早期胚胎星系。(Credits:
NASA/ESA/STScI/B. Salmon)

7 化不可能的觀測為可能：
X 光望遠鏡

文／周翊

我們日常生活中所接觸到的 X 光，應該是在醫院內最為常見。醫師可以透過 X 光來瞭解人體內部的狀況，而現在許多牙醫診所也有 X 光設備，可見 X 光在醫療上的使用已具有普及性。另一個常見 X 光的地方是機場，海關人員會利用 X 光透視旅客的行李，檢查有沒有攜帶違禁品。而在工業與科學研究上，X 光也是相當有用的工具。

X 光是什麼？

第一個發現 X 光的人是侖琴 (Wilhelm C. Röntgen)，他因為發現 X 光而得到第一屆諾貝爾物理獎。最初發現 X 光時，沒有人知道它究竟是什麼，直到後來的研究才發現，原來 X 光的本質是光。它跟無線電波、可見光、紅外線、紫外線與伽瑪射線一樣，都是電磁波譜的一部分，只是 X 光的波長較短，大約只有可見光波長的千分之一。它的許多行為比較像粒子而不像波，光波可被視為一顆顆的粒子，稱之為**光子** (photon)。每顆光子都帶有不同的能量，光波的波長愈短，所對應

的光子能量愈大。以下我們大多以 X 光光子來描述 X 光，但是在天文學中，通常以光子的能量[1] 來描述 X 光，而不是像可見光用波長，無線電波用頻率來描述。

日常所見之 X 光，除了極少數是由放射性元素產生，絕大部分都是人工製造出來的，其手段不外乎是將帶電粒子（通常是電子）加速（或減速）而產生。但我們現在要問的是：星星會產生 X 光嗎？如果會，那要怎樣去觀測它呢？

先從天文學的發展說起

無論是從歷史記載或考古證據來看，幾乎所有的民族都發展天文學，這是一門很古老的學問。為什麼呢？原因很簡單，因為只要是晴朗的夜空，都可以看到星星。然而為什麼人類能以肉眼看到星星呢？因為地球的大氣對可見光來說幾乎是透明的。星光遠道而來，在通過大氣層時，僅少部分被大氣吸收或散射，其他絕大部分都能順利抵達地面。其實地球的大氣只為電磁波開了兩個窗口，一個開在無線電波波段，另一個則開在可見光波段（包括一小部分的近紅外線與極少部分的紫外線），其他波段的光皆無法穿透大氣，其中也包括 X 光。X 光會被大氣中的氮與氧強烈吸收，這與我們之前想像 X 光穿透力很強的概念不同。如果人類的肉眼看到的是 X 光而非可見光，我們的夜空將是一片漆黑，古人也發展不了天文學。事實上，我們應該感謝地球大氣阻絕從天而來的 X 光，不然生物恐怕難以在地面上生存。

我們可以說，在 1950 年代前的天文學都是可見光天文學，之後才有其他波段的天文學陸續發展。那麼 X 光天文學是何時問世的呢？因為大氣幾乎把 X 光完全吸收掉了，所以我們必須突破大氣層才能加以

1.X 光光子的能量單位通常使用千電子伏特（kilo electron volt，縮寫為 keV）。

觀測，而在二次大戰時，德軍發展了 V-2 火箭，使得突破大氣層觀測成為可能。然而還有另一個問題：是否值得特地跑到大氣層外，對星星發出的 X 光進行觀測呢？

X 光觀測的起點

在地球上往天空看，最強的 X 光光源是太陽，但它之所以是最強的 X 光光源，是因為它離我們太近了。事實上，太陽所發出的 X 光僅占其總發光量的百萬分之一。如果把太陽擺在 3,200 光年外（這段距離不算太遠，還在銀河系內），以 1960 年代初期的技術水準，必須將偵測器的靈敏度提高 1,000 億倍才能觀測到。因此當時天文學家預測，就算把 X 光望遠鏡放在太空，能看見的除了太陽以外，至多也只有一些行星或衛星反射太陽發出的 X 光，所以他們對於到外太空做 X 光觀測並不感興趣，更別提要發展 X 光望遠鏡了。當然，那時的太空技術也還沒有那麼先進。

但這件事在 1962 年有了戲劇性的變化。由賈柯尼 (Riccardo Giacconi) 所率領的研究小組，利用裝置在探空火箭上的蓋格計數器[2]，嘗試對月球表面與太陽風裡高能粒子交互作用產生的 X 光進行觀測。探空火箭可飛離地面約 200 公里高，但受限於火箭無法在高空中停留太長的時間，能掃描月球附近的時間僅有短短數分鐘。然而他們在第二次的實驗中，卻意外發現天蠍座附近存在一個強烈的 X 光光源。由於其強度之大絕不可能是任何太陽系內的天體反射太陽光所致，顯示太陽系外有強烈的 X 光光源，繼而開啟了 X 光天文物理學研究的新紀元。賈柯尼也因為這個重大發現，榮獲了 2002 年的諾貝爾物理獎。

2.蓋格計數器：Geiger counter，一種用於探測電離輻射的粒子探測器。

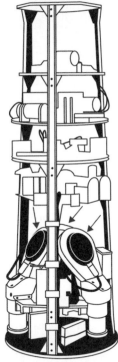

賈柯尼的發現當然引起了天文學家濃厚的興趣。但在外太空觀測談何容易？雖然當時已有人造衛星，但要製作一個純為天文觀測的人造衛星仍需假以時日才能實現。天文學家持續努力，在 1960 年代不斷利用探空火箭與探空氣球等方式觀測，陸續發現 30 多個強烈 X 光光源。但這些光源究竟是什麼？由於資料實在太少，無法深入研究，直到衛星式的 X 光望遠鏡升空、進行觀測後，才有了突破性的進展。

1970 年，第一個衛星式的 X 光望遠鏡 Uhuru 衛星[3]升空，它的主要任務就是巡天，尋找更多的 X 光光源。Uhuru 衛星在服役的 3 年期間，除了將探索到的太陽系外 X 光光源數目增加到 300 多個外，也在研究其中一個 X 光光源——半人馬座 X-3 (Cen X-3) 的資料後，正式揭曉這些強烈 X 光光源的謎底。原來這些強烈 X 光光源，大部分是 X 光雙星[4]，半人馬座 X-3 就是第一個被證實為 X 光雙星的天體。

▲圖 1　（上）2002 年的諾貝爾物理獎得主賈柯尼；（下）他當年發現第一個太陽系外 X 光光源所用的儀器。(Credits: ESO/Nobel Media AB)

3.Uhurn 衛星：第一個衛星式的 X 光望遠鏡，1970 年 12 月 12 日於肯亞發射，由於發射當日正好是肯亞國慶日，就以當地的斯瓦希里語「自由」命名，所以也有人把它翻譯為「自由號」。

4.詳情請參〈V-7 能量爆棚！奇特的 X 光雙星〉篇。

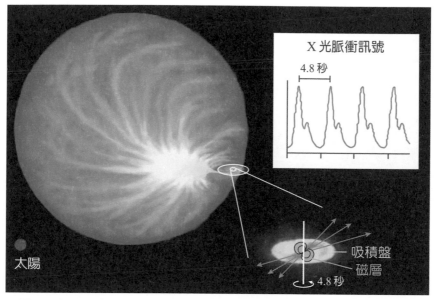

X 光脈衝訊號

4.8 秒

太陽

吸積盤
磁層

4.8 秒

▲圖 2　半人馬座 X-3 的脈衝訊號呈現週期性變化。(Reference: D. Page)

　　Uhuru 衛星觀測發現半人馬座 X-3 有一顆快速自轉的中子星，會發出週期 4.8 秒的脈衝，但這個週期又以 2.09 天的週期上下浮動，且其脈衝訊號每隔 2.09 天就會消失一段時間。天文學家因而判定半人馬座 X-3 是一個軌道週期為 2.09 天的雙星系統，脈衝週期會有起伏是因軌道的都卜勒效應[5]所致，而脈衝之所以會週期性消失則是因為中子星被其伴星所掩食。

　　而 Uhuru 衛星及後續的 X 光望遠鏡觀測也發現，不只是 X 光雙星，其他星星也會發出 X 光。當然，這些星星並不是像太陽一般的恆星，而是某些奇特的星，如 X 光脈衝星、超新星爆發遺跡、活躍星系核與星系團等。這些 X 光望遠鏡大大擴展了 X 光天文學的範圍，此後各先進國家，包括美國、歐洲與日本紛紛投入 X 光望遠鏡的研發與觀

5.詳情請參〈 IV-5 遠近有譜：都卜勒效應和宇宙紅移〉、〈V-6 生死與共的夥伴：
　雙星〉篇。

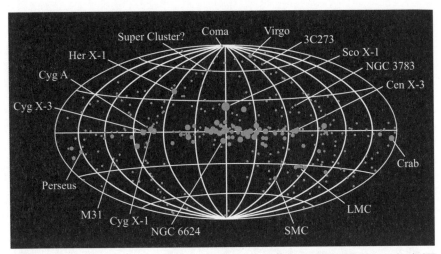

▲圖 3　Uhuru 第四版星表，呈現 3 年任務期間發現的 X 光光源
(Reference: IRA)

測，使 X 光天文學成為天文學中的重要分支。近年來，一些新興國家也陸續研發 X 光望遠鏡，如印度的 AstroSAT 與中國大陸的慧眼（Insight，原名為 HXMT）等，使 X 光天文學的研究及發展愈來愈精彩。

升空吧！X 光望遠鏡

既然從宇宙來的 X 光無法在地面觀測，我們就得設法將 X 光望遠鏡送出大氣層。要怎麼做呢？主要有幾種方式：

(1)用探空火箭，可飛離地面約 200 公里，缺點是觀測時間短（僅數分鐘）。

(2)用探空氣球，相較於探空火箭有較長的觀測時間（可接近 100 天），缺點是只能飛至約 40 公里高的天空，在此高度之上仍有殘存的大氣會吸收 X 光，因此僅可觀測光子能量較高的 X 光。

(3)用衛星式或架設在國際太空站上的 X 光望遠鏡，這是最好的觀測方式，可讓望遠鏡完全脫離大氣層，雖然價錢昂貴，但目前 X 光天文學的主要成就都是來自此類望遠鏡。

望遠鏡可運作的時間，早期僅可維持數年，但最近有些 X 光望遠鏡已運作近 20 年，狀況還十分良好。這些望遠鏡大部分是獨立的衛星，目前僅有日本的 MAXI 與美國的中子星內部組成探測器 (NICER) 架設於國際太空站上。但無論是以哪一種方式將 X 光望遠鏡帶到天空，它都不像地面上的望遠鏡能比較隨意地增添設備；也就是說，X 光望遠鏡的重量與體積都受到限制。因此我們很難要求一個 X 光望遠鏡做到完美的程度，比方說要

▲圖 4　目前拍攝 X 光影像最好的錢卓 X 光觀測衛星，於 1999 年 7 月升空，至今仍在進行觀測。(Credits: NASA/CXC/NGST)

▲圖 5　附掛在國際太空站的 X 光望遠鏡 NICER (Credits: NASA)

同時擁有最好的影像能力、最佳的光譜解析度和最廣大的視野等，只能針對某些特色予以加強，如錢卓 (Chandra) X 光觀測衛星的目的是產出最清晰的 X 光影像，視場無法太大；而雨燕衛星 (SWIFT) 的主要任務是監視宇宙中的伽瑪射線爆，必須要有很大的視場才能有效率地搜尋。根據不同的任務取向，望遠鏡的設計均有所不同。

▲圖 6　RXTE 是一個非成像 X
光望遠鏡，是不是長得像一個
箱子？(Credits: NASA)

X 光望遠鏡與其他的望遠鏡類似，大體上可分為光學部分（如鏡片）、分析儀器（如濾鏡、光譜儀）、偵測器（如 CCD[6]）與後端處理設備。地面上的望遠鏡長得都差不多，但 X 光望遠鏡的長相卻很多樣化，有些甚至長得像一個箱子，讓人很難想像那其實是一架望遠鏡。有些 X 光望遠鏡甚至不能成像，也就是說它拍不出星星，這恐怕與許多人對於望遠鏡的印象相差很遠。

不能成像的望遠鏡要怎麼觀測？

在解決這個疑惑之前，我們先來談談成像望遠鏡。要成像很簡單，但是要先能分辨 X 光來源的方向。依照成像方式的差異，可將分辨 X 光來源方向所仰賴的光學系統分成兩種。

第一種光學系統與一般的可見光望遠鏡類似，用鏡片反射成像。一般的可見光望遠鏡有一個碟狀的拋物面鏡，用來集光與聚焦；但這種鏡片用於 X 光就行不通了，因為 X 光會被鏡片吸收。能反射 X 光的鏡片必須做成筒狀，讓 X 光以很小的擦面角反射，這是目前能讓 X 光成像最好的光學系統。但這樣的系統有兩個缺點：

⑴有效集光面積太小。
⑵只能反射光子能量較低的 X 光。

6. CCD: charge-coupled device，是一種感光元件，可以將影像轉變成數字訊號，被
　廣泛應用在數位攝影、天文觀測及高速攝影等技術上。

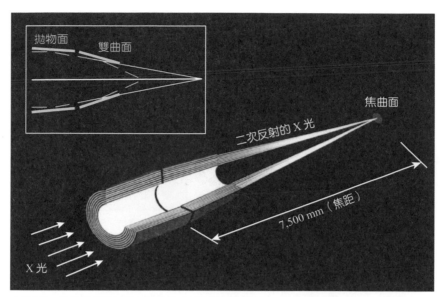

▲圖 7　利用鏡面反射成像的 X 光望遠鏡鏡片，X 光的擦面角必須很小，前端鏡組做成拋物面狀，相當於一般可見光望遠鏡的主鏡，後端鏡組做成雙曲面狀，相當於可見光望遠鏡之副鏡。(Credits: ESA/ESTEC)

　　針對第一個缺點，可利用多層鏡片增加有效面積，但這麼做可能會犧牲掉能讓 X 光完美聚焦的鏡片形狀。至於第二個缺點，目前科學家利用多層膜反射的方式，將可反射的 X 光光子能量提高不少，X 光望遠鏡 NuSTAR 就是實際應用的例子。然而，對於需要集光面積夠大的望遠鏡才能進行研究的科學主題，這種望遠鏡就不適用。

　　另一種光學系統是利用**編碼版**成像，只要把一種有特殊孔洞排列的板子投影在偵測器上，經過特殊處理後就能還原

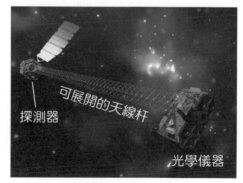

▲圖 8　利用鏡片反射 X 光成像方式的 NuSTAR 望遠鏡，可將高能量 X 光光子成像。(Credits: NASA)

▲圖 9　錢卓與差不多時間升空的 XMM-Newton 之鏡片比較。(a)由於錢卓要求影像完美，對鏡片形狀要求十分嚴格，所以鏡片很重，只能做 4 層，犧牲了有效集光面積；(b) XMM-Newton 鏡片多達 58 層，雖然影像品質不如錢卓，但大大增加了集光面積。(Credits: (a) Chandra X Ray Observatory/NASA；(b) ESA)

▲圖 10　編碼版，利用投影的方式分辨 X 光的入射方向。(Credits: IRFU/CEA, APC/CNRS)

天空的影像。這種技術比較容易製成大視野的望遠鏡，所以一些 X 光巡天望遠鏡都是使用這個技術。

重點來了，不能成像的望遠鏡要怎麼觀測呢？它要如何分辨接收到的 X 光是從哪個 X 光光源傳來的？其實它也有個簡單的光學系統──準直儀。準直儀可利用以管窺天的方式，將視野局限在一個很小範圍內，它長得像蜂巢一樣，裡面有很多的「管」。這種非成像望遠鏡可以達到相當大的有效面積，缺點是在此範圍內，無法區別出超過一個以上的 X 光光源。

如果以人的眼睛比喻望遠鏡，光學系統就相當於水晶體，而偵測器則像是視網膜。要作為 X 光望遠鏡的偵測器必須符合兩個條件：

(1)能有效吸收 X 光光子。

一般而言，X 光望遠鏡的偵測器也是利用光電效應[7]，與可見光偵測器不同的是，它會吸收 X 光光子而打出原子的內層電子，變成光電子。原子序較大的原子吸收率較高，如正比計數器[8]的氙 (Xe) 與閃爍計數器[9]中碘化鈉的碘。

(2)吸收 X 光光子後能產生可偵測的反應。

上述所打出的光電子會繼續與偵測器發生反應，通常這些光電子的能量很高，可以把能量再次釋放在偵測器內，但並不是所有的物質都會產生可偵測的反應。如一塊鉛，雖然它很容易吸收 X 光光子，但可能偵測不到什麼反應。

那偵測器可能有哪些反應呢？在閃爍計數器中，高能的光電子會在碘化鈉晶體內衝出一堆電子電洞，這些電子電洞會很快地再次結合而放出可見光，這時在偵測器外的光學感應元件 （如光電倍增管[10]）能偵測到這些光，將它轉換成電子訊號並放大，由後端設備繼續處理。如果訊號能配合望遠鏡內的時鐘，我們就可記錄 X 光光子的抵達時間，進一步做光變分析；如果入射的 X 光光子能量愈高，反應愈大，

7.光電效應：光照射物體時，使物體發射出電子的一種物理反應，發射出的電子稱為光電子。

8.正比計數器：利用氣體作為介質的一種探測器，可對單一粒子進行計數，輸出信號的脈衝幅度會與入射的輻射能量成正比。

9.閃爍計數器：利用射線或粒子讓閃爍體發光，透過光電元件記錄射線強度和能量的探測器。

10.光電倍增管：一種對光非常敏感的真空管，可使入射的微弱訊號增強。

我們可以記錄 X 光光子能量，進一步做光譜分析；如果偵測器可以偵測到 X 光光子的位置，配合光學系統，我們就可以知道 X 光的入射方向，進而建立出影像。這些被偵測到的訊號經過數位化處理，就可以供天文學家從事天文研究。

不同於地面上的望遠鏡，X 光望遠鏡要在太空中做觀測，不但得適應極端的環境條件，而且幾乎沒有機會進行維護，所有的要求都非常嚴格，所以望遠鏡雖不大，花費卻相當驚人。然而，即便整個製程的要求都非常嚴謹，仍發生過一些意外，比如升空後衛星失聯或未如預期運行，甚或是在升空後不久儀器就損壞無法使用。但大部分的 X 光望遠鏡都能順利地依照計畫執行任務。目前仍有許多 X 光望遠鏡在外太空服役中，有的已經持續將近 20 年了，有的才剛開始一年多。它們每天 24 小時觀測不輟，我們對這些 X 光望遠鏡抱持著高度期待，希望它們在任務結束前能為人類的科學文明增添新的篇章。而新的 X 光望遠鏡計畫也不斷被提出與研製中，未來將成為現行望遠鏡的繼任者。我們可以預期將來會有更新、更好的 X 光望遠鏡，替人類更深入地探索這個奧妙且令人著迷的宇宙。

8 宇宙事件的行光記錄器：
伽瑪射線望遠鏡

文／張祥光

平常我們大概很少聽到「伽瑪射線」這個詞。假如有人提起，要不就是核電廠發生輻射外洩事故；要不就是在談核子醫學使用的診斷與醫療工具。事實上，我們生活的環境裡一直都有天然的伽瑪射線，只是劑量很小，對人體不會有什麼影響。這些天然的伽瑪射線主要來自地殼中的放射性物質，或者是因宇宙射線與大氣作用而產生。

伽瑪射線是什麼？

伽瑪射線本質上和無線電波、紅外線、可見光、紫外線及 X 射線是一樣的，都是電磁波，只是波長不同而已。伽瑪射線在波長最短的一端，波長僅約千分之一奈米或更短。沒錯，這裡提到的**奈米** (nanometer) 就是大家耳熟能詳的「奈米技術」的奈米，它是一個長度單位，等於十億分之一公尺，跟原子的大小差不多。千分之一奈米則是一兆分之一公尺，也有人把它稱為**皮米** (picometer)。

因為波長這麼短的電磁波性質跟粒子比較相近，所以常被稱為「光子」而不是電磁波。一個光子帶有一定的能量，波長愈短，對應的能量愈高。討論光子以及其他粒子的能量時，最常用的單位是**電子伏特** (eV)。一個電子伏特是一個電子被一伏特的電壓加速所獲得的能量大小，這個單位其實非常小。速食店賣的豬肉蛋漢堡，每個大約有 400 大卡的熱量，假如用電子伏特代替大卡這個單位，就要在 1 後面加上 25 個 0 才行！一個可見光光子的能量約為一個電子伏特；X 光則約一千電子伏特 (keV)；而能量在幾百 keV 以上的光子則統稱為**伽瑪射線光子**，它們也常進一步被分成百萬電子伏特（mega electron volt，縮寫為 MeV）、十億電子伏特（giga electron volt，縮寫為 GeV）以及一兆電子伏特（tera electron volt，縮寫為 TeV）的光子。能量比較低的伽瑪射線，像是 MeV 等級的，也被稱為**軟伽瑪射線**。

相較於無線電以及可見光，伽瑪射線的能量算是很高的了，但是這些高能量的光子並不會直接從外太空穿越大氣層到達地面，大氣幾乎阻擋了所有來自外太空的伽瑪射線，所以宇宙中伽瑪射線的觀測和 X 光天文學一樣，是從人類的太空時代之後才開始發展的。不同能量的光子（也就是不同波長的電磁波）與物質發生的主要反應各有不同，因此偵測不同能量的光子要用不同的技術與偵測器材料，甚至連伽瑪射線用來偵測 MeV、GeV 和 TeV 光子的方法也都不同。本文將只聚焦在 MeV 等級，也就是軟伽瑪射線。

軟伽瑪射線有何特別之處？

軟伽瑪射線的觀測是很困難的，但是在其天空裡卻有著豐富且重要的現象。一般來說，大部分的天文學家都同意宇宙間比鐵重的元素都是超新星爆炸時產生的，而且其中有許多會放出特定伽瑪射線的元

素，例如鈷與鎳。這些伽瑪射線的能量大約都在 MeV 範圍內，不過目前卻只有在 1987 年和 2014 年的兩次超新星爆炸事件觀測到微弱的證據，顯示鈷衰變所放出的 0.847 MeV 及 1.238 MeV 譜線。

更多更明確的觀測證據顯然會對元素形成以及超新星爆炸的理論有重大影響。另外，銀河系中心區域有很強的 0.511 MeV 譜線輻射，這是由電子與正子成對湮滅所造成的。這些大量正子的來源是天文物理中存在了近半世紀的難題，有各種可能的答案，其中也有人推測是由某種暗物質衰變而來的，至今仍莫衷一是。伽瑪射線爆也是軟伽瑪射線天文學裡的重要課題；其他各種中子星與黑洞等天體系統也都有軟伽瑪射線輻射，因此這個光子能量範圍的觀測極其重要。

捕捉電子游離的瞬間：康普頓望遠鏡

可見光望遠鏡可以利用折射透鏡或反射面鏡來聚焦成像；但假如換成伽瑪射線，這些透鏡或面鏡會被直接穿透，其中的原子也可能會和伽瑪射線發生反應，所以是完全行不通的。天文學家發現軟伽瑪射線光子最容易和物質中的電子發生散射反應，於是就利用這個性質來設計軟伽瑪射線望遠鏡。光子與電子的散射反應是美國聖路易斯華盛頓大學的康普頓 (Arthur Compton) 在 1923 年發現的，因此這個反應過程被稱為**康普頓散射**，而所有利用康普頓散射原理製造出來的天文觀測儀器則被統稱為**康普頓望遠鏡** (Compton Telescope)。

到目前為止，最具代表性的康普頓望遠鏡是美國航太總署 (NASA) 的 Imaging Compton Telescope，若用中文可以逐字翻譯為「成像康普頓望遠鏡」，不過這個名字有點畫蛇添足，畢竟望遠鏡不用來成像要做什麼？但它的英文原名也非常一般，可能跟其他儀器的名字十分類似，所以我們通常以其英文縮寫別名 "COMPTEL" 來稱呼它。

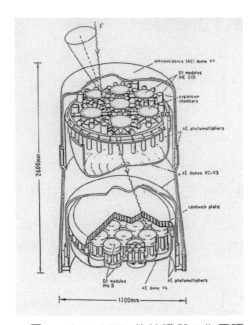

▲圖 1　COMPTEL 的結構與工作原理圖。入射光子從上方進入，與上層的閃爍體偵測器陣列散射，然後被下層閃爍體偵測器陣列吸收。(Credits: NASA)

COMPTEL 是 NASA 放在一個大型天文觀測衛星——康普頓伽瑪射線天文臺 （Compton Gamma Ray Observatory，簡稱 CGRO） 上的 4 項儀器之一。CGRO 從 1991 年到 2000 年間在繞地軌道上進行天文觀測，獲得很多重要的成果。

　　COMPTEL 主要是由上下兩層「閃爍體」偵測器陣列組成的。閃爍體有許多可能的材料，例如碘化鈉晶體就是常用的一種。在閃爍體中被入射光子散射或吸收入射光子而游離的電子會使閃爍體發出螢光，用光電倍增管或其他有類似功能的儀器來偵測這些螢光，就能測量電子發生游離的位置及它攜帶的能量。

　　COMPTEL 的上層閃爍體偵測器陣列作為一個散射層。從 COMPTEL 上方來的 MeV 光子在這一層發生康普頓散射，把部分能量傳遞給電子，造成電子游離，而散射後的光子假如打到下層閃爍體偵測器陣列，就可能會經由光電效應游離一個電子而被吸收。測量上、下兩層閃爍體偵測器陣列中電子游離發生的位置以及游離電子的能量，可以在某種程度回推出入射光子的入射方向與光子能量，接著就可以做影像以及光譜的分析了。

COMPTEL 的特色是上下兩層閃爍體偵測器陣列相距約 2 公尺，可以利用反應發生的時間先後順序來排除從下方來的背景光子。光子飛越 2 公尺的距離大概需要 7 奈秒 (nanosecond)，也就是十億分之七秒，以現有的技術來說這很容易區分。雖然天文觀測衛星是在外太空做觀測，從地球大氣層來的伽瑪射線仍然很強，另外還有一些帶電粒子撞擊人造衛星也會產生伽瑪射線，而遙遠天體所發出的伽瑪射線相較之下非常微弱，因此排除背景光子就變成了一項非常重要的工作。

不過如此一來，整個儀器會變得很龐大，而重量、體積與電耗向來是太空儀器的重要限制。同時，這樣的設計只能偵測到那些散射後打到下層閃爍體偵測器陣列的光子，散射後飛往其他方向的光子則會損失掉，儀器的靈敏度也因此降低。因此軟伽瑪射線天文學的發展一直都受限於觀測儀器的靈敏度與空間解析度。

康普頓望遠鏡的接班人：COSI

為了提高軟伽瑪射線觀測儀器的靈敏度，全球各地的幾個研究團隊一直持續在進行新的儀器設計與測試，努力發展下一代的康普頓望遠鏡。其中目前進度較快的是一個稱為**康普頓成像光譜儀**（Compton Spectrometer and Imager，簡稱 COSI）的計畫。COSI 是由美國柏克萊加州大學主導發展，參加的團隊包括美國勞倫斯柏克萊國家實驗室、臺灣的清華大學、中央大學、中研院物理所，以及法國的天文物理與行星科學研究所 (IRAP)。

COSI 的核心是由 12 片高純度鍺偵測器排成的陣列，每片高純度鍺偵測器長、寬各 8 公分，厚度則是 1.5 公分，兩面有互相垂直的 37 條條狀電極。如圖 2 所示，入射光子可能發生多次康普頓散射。就像 COMPTEL 一樣，測量高純度鍺偵測器陣列中電子游離發生的位置以

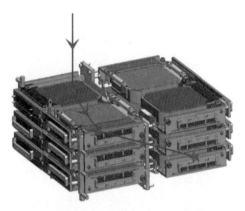

▲圖2　COSI 的核心，由 12 片高純度鍺偵測器排成的陣列。紫紅色線段是光子的路徑。（Credits：COSI 團隊）

▲圖3　一片高純度鍺偵測器。正面有垂直方向的條狀電極，從背後的鏡子裡可以看到背面有水平方向的條狀電極。（Credits: COSI 團隊）

及游離電子的能量，可以在某種程度回推出入射光子的入射方向與光子能量，接著就可以做影像以及光譜的分析了。COSI 的好處是使用高純度鍺，光子發生散射的機率比較大，多次散射的機會也比較大，對於電子游離發生的位置和游離電子的能量都可以測量得比較準確，因此光子的入射方向也會判斷得比較準確。即使因為時間差距遠小於奈秒而不能測量各次散射的時間順序，也能從方向的判定來大幅排除背景光子，提高靈敏度。同時，相較於 COMPTEL，散射後往各方向去的光子也都較能被捕捉到，這對提高靈敏度也是一大幫助。

　　為了驗證 COSI 使用的新技術可行，在真正放上天文觀測衛星之前，COSI 已經進行了好幾次平流層的高空氣球飛行試驗，最近的一次是在 2016 年 5 月 17 日從紐西蘭瓦納卡升空，在 33 公里的高空繞了地球一圈多，最後於 7 月 2 日降落在秘魯。這次飛行除了偵測到銀河系中心的 0.511

MeV 輻射、蟹狀星雲、活躍星系半人馬座 A，以及黑洞 X 射線雙星天鵝座 X-1 之外，也發現了編號 160530A 的伽瑪射線爆，成功地驗證了 COSI 作為下一代康普頓望遠鏡的性能。

目前版本的 COSI 體積與重量都遠小於 COMPTEL，但其靈敏度已經比 COMPTEL 略勝一籌。在未來的天文觀測衛星任務中，一個擴大版的 COSI 將可以把軟伽瑪射線天文學中的康普頓望遠鏡靈敏度提高數十倍。一臺靈敏的康普頓望遠鏡（或者稱為康普頓相機）也可以在核子醫學影像及環境輻射偵測等方面有很好的應用。

▲圖 4　COSI 團隊人員合照。這是 2016 年 COSI 飛行前在紐西蘭瓦納卡進行整合測試時拍攝的，COSI 儀器放在人員背後的高空氣球酬載框架內，外圍包覆了鋁箔紙，如翅膀展開的太陽能板可提供整個任務所需的電力。（Credits: COSI 團隊）

▲圖5　(a) COSI 在 2016 年高空氣球飛行升空前的照片。氣球已經充入適當份量的氦氣，吊車則吊著酬載框架，準備讓它升空；(b)剛升空不久的 COSI。氣球尚未完全膨脹，酬載框架在圖的右下方，與氣球連結的橘紅色部分是降落傘，任務結束時降落著陸用。（Credits：COSI 團隊）

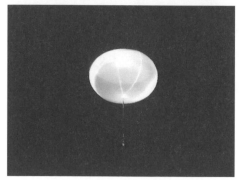

▲圖6　COSI 在距地表 33 公里的高空。此時氣球大約膨脹到 200 公尺大小，酬載框架已經幾乎看不到了。（Credits：COSI 團隊）

9 緝拿通行無阻的穿透者：
微中子與微中子望遠鏡

文／林貴林

　　微中子 (neutrino) 的概念是由物理學家庖立 (Wolfgang Pauli) 所提出，目的是為了解釋 β 衰變的實驗結果。圖 1 顯示一個原子序為 Z、原子量為 A 的核子[1] 經 β 衰變後，轉換成原子序為 Z＋1、原子量為 A 的核子，並放出一個電子。如果 β 衰變的末態僅有兩個粒子，則依據能量、動量[2] 守恆，末態粒子只能有一種方式瓜分初始態的總動能，然而實驗上所測得的電子動能能譜卻呈現寬廣的分布。這個結果一度使物理學家感到相當困惑，甚至到了要將能量守恆放棄的地步。

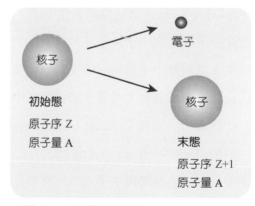

▲圖 1　β 衰變示意圖

1.核子：nucleus，指組成原子核的粒子。

2.動量的定義是質量與速度的乘積，代表物體在運動方向上維持原來運動趨勢的能力。當物體的動量愈大，要改變它的運動趨勢就愈困難。

解謎金鑰：微中子

1930 年，庖立提出 β 衰變的末態應有第三個粒子——**微中子**存在。因為 β 衰變的過程產生微中子，而微中子帶走了一部分的能量，如此一來電子能譜會呈現連續分布的現象也就不奇怪了。庖立假設微中子為電中性、無質量、自旋為 1/2 的粒子，而且與其他粒子的交互作用十分微弱，所以當時在實驗室中尚未被觀測到。庖立對微中子的性質描述並未隨著粒子物理的發展而受到挑戰，特別是在格拉肖 (Sheldon Glashow)、薩拉姆 (Abdus Salam) 及溫柏格 (Steven Weinberg) 的粒子物理標準模型中，微中子仍被視為無質量的粒子。這項認知直到 1998 年才有了改變，這一年，日本超級神岡實驗室證實微中子的質量並不為零。

由於微中子與其他粒子的交互作用非常微弱，使得偵測微中子成為實驗物理學家的一大挑戰。1956 年，科文 (Clyde Cowan) 和瑞尼斯 (Frederick Reines) 終於偵測到微中子。他們在實驗過程中運用質子捕捉微中子而產生中子及正子，其中微中子是由核子反應爐裡的 β 衰變產生。由於微中子與質子的反應截面積極小（僅約 10^{-44} 平方公分），因此這個實驗需要大量質子來捕捉微中子。

1962 年，萊德曼 (Leon Lederman)、施瓦茨 (Melvin Schwartz)、史坦伯格 (Jack Steinberger) 及他們的合作者發現了第二類微中子，這類微中子被命名為**緲微中子** (ν_μ)，有別於 β 衰變中的**電微中子** (ν_e)。在本實驗之前，物理學家普遍認為微中子只有一類，即使他們知道微中子亦可從 π 介子及緲子 (muon)[3] 的衰變而來。施瓦茨等人利用美國布魯克海文國家實驗室 (Brookhaven National Laboratory) 的粒子加速器

---

3. π 介子和緲子都是比中子、質子輕的粒子。

設施[4]產生 π 介子，再讓 π 介子衰變而來的微中子與核子碰撞，產生帶電粒子。實驗分析顯示這些帶電粒子為緲子而非電子，因此證實 π 介子衰變出的微中子有別於 β 衰變中的電微中子。西元 2000 年，美國費米國家實驗室 (Fermi National Accelerator Laboratory) 更第一次直接測到第三類陶微中子 (ν_τ)。

獨樹一格的微中子望遠鏡

微中子望遠鏡是眾多天文探測器的其中一種。一般天文望遠鏡探測的是天體的電磁輻射或宇宙射線[5]，微中子望遠鏡則是探測天體釋放的微中子。前面提過微中子的反應截面積非常小，因此微中子探測器必須具有龐大的體積，增加微中子與探測器內物質發生反應的機率。

微中子望遠鏡與一般天文望遠鏡扮演互補的角色，它主要有兩個優點：

(1)微中子不帶電，從天體到地球的行進過程中不會因為空間磁場影響而發生偏折，也幾乎不會與星際物質反應而改變其行進方向，因此只要能探測到天體微中子，就可以直指微中子的源頭方向。

(2)由於微中子與其他粒子的交互作用很微弱，所以在行進過程中不太會被吸收，可以穿透物質；相較之下，電磁輻射或宇宙射線在行進過程中就很容易被吸收，無法傳遞得太遠。明顯地，微中子望遠鏡可以看到宇宙更深的地方。

---

4. 該粒子加速器為 Alternate Gradient Synchrotron，簡稱 AGS。

5. 詳情請參〈II-7 浪跡天涯的星際漫遊者：宇宙射線〉篇。

▲圖 2　冰立方微中子天文觀測站的真實影像和偵測到遙遠微中子源的虛擬影像合成圖 (Credits: IceCube/NSF)

　　目前運作最成功的微中子望遠鏡，是冰立方微中子天文觀測站 (IceCube Neutrino Observatory)。冰立方觀測站座落於地球南極冰層，從 2005 年開始建設，並於 2010 年底竣工。觀測站共有 5,160 個光學感應器模組，設置在地面下 1,450～2,550 公尺深處。為什麼要將光學模組埋得這麼深呢？這是為了阻絕大氣緲子的背景訊號，而所有光學模組散布的體積約為一立方公里。

　　偵測微中子的方法依微中子的種類而異。以緲微中子為例，當緲微中子與冰原子碰撞，弱交互作用會將緲微中子轉換成帶電的緲子，緲子在行進過程中會發出人眼可見的藍光，可被光學感應器記錄下來。利用緲子的軌跡可以反推緲微中子的入射方向，原則上，科學家可據此判斷出緲微中子究竟來自哪個遙遠的天體源。

微中子望遠鏡的重大發現

　　2013 年，冰立方團隊發表天體微中子的偵測結果，證實太陽系外存在高能量的天體微中子源。他們偵測到的 28 個微中子事例，其能量大約介於 3×10^{13}～1.2×10^{15} 電子伏特[6]，迄今這類的高能量微中子事例仍持續累積中。2017 年 9 月 22 日，該團隊偵測到一顆微中子 IceCube-170922A，其能量約為 3×10^{14} 電子伏特。由於此微中子合乎線上極高能事例的篩選條件，於是望遠鏡立即發送警報，通知全球的合作望遠鏡投入檢視。

　　冰立方測得的事例方向指出微中子源位在獵戶座附近，在上述警報發布後的幾天內，兩個伽瑪射線望遠鏡：美國航太總署的費米伽瑪射線太空望遠鏡 (Fermi Gamma-ray Space Telescope) 及位於加那利群島的魔法望遠鏡 （Major Atmospheric Gamma Imaging Cherenkov Telescope，簡稱 MAGIC） 領先群雄，在相同位置也偵測到高能量的伽瑪射線，來源是已知的耀變體[7] TXS 0506＋056，距離地球約 40 億光年。

　　除了伽瑪射線研究，其他望遠鏡團隊也進行 X 光、光學及無線電波等波段的測量。這項進展不但確認耀變體為高能天體微中子的源頭之一，同時也確立微中子望遠鏡在多信差天文學[8]的重要地位。

---

6. 目前人造加速器最多可以將質子加速到具有 10^{12} 電子伏特的能量等級。

7. 耀變體：blazar，是眾多活躍星系的一種，又稱為活躍星系核。詳情請參〈V-8 內在強悍的閃亮暴走族：活躍星系〉篇。

8. 多信差天文學：multi-messenger astronomy，結合多種方法（各種電磁輻射、微中子等）研究同一個天體。

V

宇宙人的
狂想曲

1 遙遠的鄰居：系外行星

文／江瑛貴

　　系外行星是指太陽系以外的行星。這個名詞之所以那麼饒舌，是因為我們原本以為，只有人類居住的地球所處的太陽系有行星。至於其他恆星附近到底有沒有行星？雖然一直感到十分好奇，我們卻幾乎一無所知。直到西元 1992 年左右，天文學家終於找到了系外行星！

　　翻開人類的歷史，雖然一直有戰亂、有災難，但是偉大的發明以及重大的發現非常多。系外行星的發現，對於生活在地球這個行星上的我們來說，就像當年哥倫布發現新大陸一樣令人振奮！

　　哥倫布在新發現的美洲大陸上，很快地遇見了印地安人；在天文學家發現的系外行星上，也會有像印地安人一樣的原住民嗎？當未來地球不再適合人類居住時，我們能像當年的美洲移民，舉家搬到系外行星去嗎？在討論這些問題之前，我們先看看天文學家是如何發現系外行星的。

▲圖 1　TRAPPIST-1 系外行星系統想像圖 (Credits: NASA/JPL-Caltech)

見微知著，恆星的光暗藏玄機

　　天氣晴朗的夜晚，天空中的亮點大都是恆星，而行星不會自己發光，假如它們躲在恆星旁邊，我們要如何找到它們呢？聰明的天文學家心想：既然恆星會發出明顯的亮光，就從恆星的光線來找線索吧！

　　大多數人都看過彩虹，也知道在日常生活中，我們看到的光線其實是由不同顏色的光組成的。大家或許也都聽過微波、無線電波、X射線等神祕而看不見的波。不管是看得見的、還是看不見的，事實上它們都是各種不同波長的電磁波，而恆星的光，就是由它們所組成的。這些波能提供什麼樣的資訊呢？先用聲波當例子好了。

　　當你在馬路上看見救護車朝著你站的位置急駛而來時，會聽見救護車的鳴笛聲愈來愈高（頻率變高），聽起來很刺耳；反之，當救護車離你而去時，它的鳴笛聲則愈來愈低，似乎就沒那麼刺耳了。這不是錯覺！而是著名的**都卜勒效應**[1]。

1.詳情請參〈IV-5 遠近有譜：都卜勒效應和宇宙紅移〉篇。

假如恆星的旁邊有行星，因為彼此之間有萬有引力，恆星和行星都會繞著它們的質量中心，以橢圓軌道運行。由於行星遠小於恆星，所以行星走的橢圓軌道較大，而恆星走的橢圓軌道則非常非常小。這小小的橢圓軌道運動，使得恆星時而靠近我們，時而遠離我們，於是天文學家從望遠鏡接收到的光，波長也就時而變短，時而變長，呈現週期性變化。從波長變化的週期可得知系外行星的公轉週期；另外，從波長變化的程度還可以算出系外行星可能的質量範圍。

另一方面，當這個行星剛好走到我們和它所繞行的恆星之間，恆星發出的光會被它擋掉一些，因此變得暗一點。而這個行星會在軌道上繼續運行，當它不再擋住恆星的光，這時我們看到的恆星又會變得跟原來一樣亮。這整個過程，稱為**凌星** (planet transit) 事件。行星在軌道上周而復始地運轉，每繞恆星一圈，就會造成一次凌星事件。因此凌星事件會不斷發生。連續兩次凌星事件的時間間隔，就是行星的公轉週期。當天文學家發現某個恆星每隔一段固定的時間就發生一次凌星事件，代表這個恆星旁邊一定有行星！

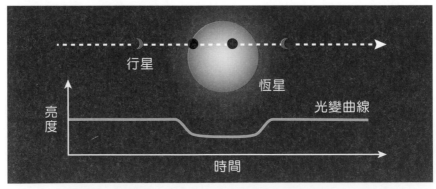

▲圖 2　凌星事件示意圖 (Reference: NASA Ames)

光是靠都卜勒效應及凌星事件，天文學家便已發現 3,000 多個系外行星了。這些系外行星五花八門，有像木星那麼大的，也有像地球

的，還有被證實大氣裡有水分子的。而它們所圍繞的恆星，有些很像我們的太陽，有些則比太陽小很多，還有些是特殊的中子星，讓人目不暇給，也十分神往，恨不得可以乘坐最新式的太空船，真的飛過去看一看。

前往新地球

目前已知的眾多系外行星之中，離地球最近的大約有 4 光年遠。光年是在天文學上常用的長度單位，指光行進一年的距離。距離我們 4 光年遠的行星，若有一艘以光速前進的太空船，大約費時 4 年就可到達。雖然人類目前所擁有的太空船，耗費 4 年的時間連太陽系的邊緣都到不了，卻已經有科學家提出新的點子，希望能打造出超高速太空船！

如果未來人類真的可以成功地以超高速飛行，一旦有人下定決心啟程，他們應該就會一去不復返，永遠離開地球了。雖然這趟旅程將會很辛苦，卻是意義重大的破冰之旅，將為人類的歷史翻開嶄新的一頁。為了讓這趟旅程順利成功，我們必須做好萬全的準備。那麼要從何準備起呢？

⑴透徹瞭解未來將要登陸的系外行星。

雖然天文學家已經發現了數千個系外行星，但是對於這些行星的表面溫度、大氣組成、氣候變化和地理環境等，卻只有非常粗淺的估計與猜測，幾乎可說是一無所知。為此，我們應該要發展出更大、更好的望遠鏡，讓天文學家可以更深入地研究系外行星。我們也需要更多有志之士投入系外行星的研究工作。唯有完全瞭解系外行星，我們才能決定目的地，也才能做其他的後續準備。

⑵讓太空船有足夠的能源。

我們需要更多人才加入研發的行列，幫助人類加快科技發展的腳步，使太空船除了在出發時有充足的能源，還可以在適當的太空環境中補充能源。

太陽不斷地放射能量，內部的結構會慢慢改變。當它演化到後期，會漸漸變成體積龐大的紅巨星[2]。地球將會因為太靠近太陽表面而被蒸發。但是在這些事件發生之前，聰明的人類大概老早就移居到系外行星去了。朋友們，你說是嗎？

2.詳情請參〈II-5 星星電力公司：恆星演化與內部的核融合反應〉篇。

2 行星的呼拉圈：
行星環

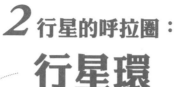

文／葉永烜

　　在太陽系裡的 4 個外行星——木星、土星、天王星和海王星，它們都有環系統，其中又以土星環最為龐大壯觀。這些環系統的特點在於它們的物質分布，離行星中心都不超過一個**洛希 (Roche) 半徑**。

　　洛希半徑的意義是什麼呢？如果有些物體只利用彼此的重力相互吸引並連結在一起，當它們的軌道愈靠近行星，所受到的潮汐力[1]愈大。從數學式可以推導得知，當這些以重力連結在一起的物體與行星之間的距離達到洛希半徑時，潮汐力會大於這些物體彼此吸引的重力，這時連結在一起的物體會被扯裂，恢復成不相連結的個體。換句話說，在洛希半徑的範圍之內，兩個小物體在低速碰撞後會立即分離，不能連結彼此成為更大的物體。因為這個物理條件，各個行星環系統基本上都是由許多小型物體和粒子組成。大致上，行星環可依其組成來源歸納為兩種。

1.潮汐力：是一種拉長物體的假想力，因為物體兩端受到的重力強度差異所導致。以地球為例，遠離月球的一端所受重力較小，靠近月球的一端所受重力較大，兩端的重力差會拉伸地球的海水，此重力差即為潮汐力。

⑴土星環：

　　土星環非常廣大，表面都是水冰。它所含的物質總量可如一個半徑約 100 公里的衛星，推測可能是有某個繞土星運行的衛星在土星的洛希半徑附近分裂，由這個衛星分裂出來的碎片所組成；但也可能是因為有某個從外太陽系飛來的大型彗星，剛好在飛越土星時進入其洛希半徑，受到潮汐作用而分裂成碎片，形成土星環系統。

⑵木星、天王星和海王星的環：

　　這三個環系統的物質大多是公分或毫米大小的細粒，從光譜測量得知其成分為矽質。這些環的寬度至多只有幾十公里，每個環的總質量最多等同一個大小約 10 公里左右的物體。這些環的來源可能是環繞行星的小衛星受到宇宙塵粒高速碰撞所濺射出來的碎片，也可能是由某個小衛星碎裂而成。

太陽系中最顯眼的行星環：土星環

　　行星環的形成，除了有洛希半徑這個因素，還有其他重要的力學作用參與其中。首先，繞著行星進行克卜勒運動的小型物體互相碰撞時會消耗能量，並遵守角動量守恆，因此它們的軌道會逐漸集中到一個扁盤，並且向內、外側擴散。由此可見，一定要有外力作用才能保持其結構的穩定性。

　　至於有哪些外力參與其中？土星環最外側（A 環）的邊界是由在外圍的衛星土衛十 (Janus) 的重力作用所界定。A 環和 B 環之間的卡西尼環縫則是由土星環和另一個衛星土衛一 (Mimas) 發生週期 2:1 的軌道共振作用所形成。至於 B 環和 C 環之間的縫隙，目前只有利用奈米級帶電塵埃粒子的電動力學才可以解釋。土星環中的物質由無數冰質粒子組成，乍看之下土星環很龐大，但它的厚度實際上只有 100 公尺左右。

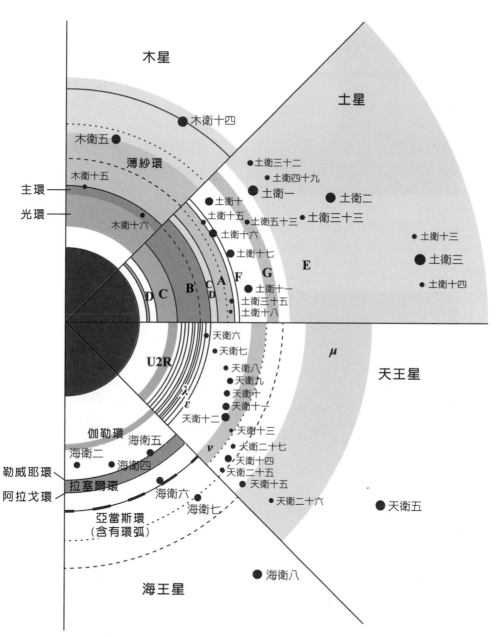

▲圖 1　4 個外行星環系統的比較示意圖 (Reference: J. A. Burns, D. P. Hamilton, M. R. Showalter(2001). *Interplanetary Dust*. Berlin: Springer.)

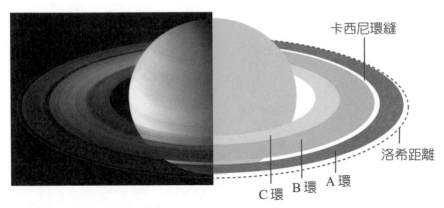

▲圖 2　土星環的大型結構，主要部分從外到內可分為 A、B 及 C 環。卡西尼環縫中物質稀薄，將 A 環和 B 環分開。(Image credits: NASA/JPL-Caltech/Space Science Institute)

▲圖 3　卡西尼號太空船在穿越土星赤道平面時所見到的土星環，因為厚度太薄，差不多不見了。(Credits: Cassini Imaging Team/ISS/JPL/ESA/NASA)

除了卡西尼環縫之外，我們還可以在土星環系統中找到許多由衛星共振作用所產生的密度波動變化。其中有個很特別的窄環結構位在 A 環之外，被命名為 F 環。第一次發現這個窄環時，科學家便提出兩點疑問：

⑴是何種物理機制讓 F 環的物質分布維持窄環的形狀？

⑵為什麼 F 環的某些位置會出現類似幾條絲絹綑綁在一起的扭結狀？

▲圖 4　在土星環的 A 環觀察到一圈圈的密度波結構。(Credits: NASA/JPL-Caltech/SSI)

這兩個問題在卡西尼號太空船進行近距離的偵察後，已經真相大白。原來在 F 環兩旁各有一顆衛星，分別是土衛十六 (Prometheus) 和土衛十七 (Pandora)。其中土衛十六的重力作用有利於將粒子集中到同一個軌道的窄環系統，但更有趣的是，土衛十六的軌道與 F 環相交，所以它可以週期性地切入 F 環，改變它周圍的粒子軌道，將這些粒子扯離 F 環。

▲圖 5　土星環的 F 環因為與小衛星土衛十六（右）作用而產生的一段又一段的「切痕」，土衛十七（左）則不會與 F 環作用。(Credits: NASA/JPL-Caltech/SSI)

▲圖6　土星環 A 環中的一個螺旋槳結構 (Credits: NASA/JPL-Caltech/SSI)

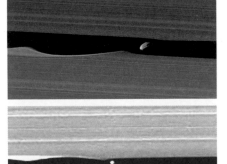

▲圖7　A 環中的小衛星土衛三十五 (Daphnis) 有著橢圓形的形狀（上），在其所經之處兩邊產生波浪形的物質密度分布擾動（下）。(Credits: NASA/JPL-Caltech/SSI)

除了徑長 10 公尺左右的粒子之外，在土星環中亦存在一些比較大的個體，當這些個體和鄰近的物質發生碰撞或重力彈射，可以產生各種結構。例如：在 A 環中可見到一種叫做「螺旋槳」的物體，呈現相對速度較低時的吸積過程，但受限於土星的潮汐力，這些物體長大到某一程度便會停滯成長或分裂，符合所謂「分久必合，合久必分」的說法。

在 A 環中還有一些空隙，可以從中找到幾個若干公里大的小衛星，它們會利用重力作用把環上的粒子推到兩旁，同時又產生軌道擾動，產生波浪形的結構傳播到遠處。

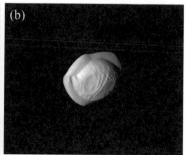

▲圖 8　(a)在另一個環縫中的小衛星土衛十八 (Pan)；(b)土衛十八被一個微小粒子組成的扁盤圍繞著，成為土星環中的一個環系統。(Credits: NASA/JPL-Caltech/SSI)

稀薄的木星環

　　木星環有幾個部分：最主要也最亮的**主環**，軌道半徑是木星半徑的 1.806 倍，由兩顆衛星木衛十五 (Adrastea) 和木衛十六 (Metis) 的表面物質濺射到圍繞木星的克卜勒軌道所形成，物質的粒徑約為 15 微米。在主環外面還有兩顆衛星——木衛十四 (Thebe) 和木衛五 (Amalthea)[2]，在它們的軌道之內各自產生一個非常稀薄的環。

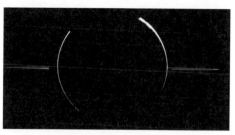

▲圖 9　伽利略號太空船在 1996 年 11 月所拍攝的木星環 (Credits: NASA/JPL-Caltech/Galileo Project, (NOAO), J. Burns (Cornell) et al.)

▲圖 10　木星環外圍的塵埃粒子分布狀態。主帶是曝光過度的部分；木衛十四和木衛五產生的稀薄環結構則在其外側。(Credits: NASA)

2.木衛十四的軌道半徑約為木星半徑的 3.11 倍；木衛五的軌道半徑約為木星半徑的 2.54 倍。

天王星的環系統

因為天王星的自轉軸差不多與黃道面位在同一平面，所以在不同時間從地球上觀察它的環系統，會有不同的投影角度。

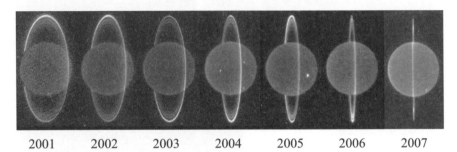

| 2001 | 2002 | 2003 | 2004 | 2005 | 2006 | 2007 |

▲圖 11　從 2001 年到 2007 年，凱克望遠鏡用紅外線攝影儀所拍攝的天王星環系統影像。最主要的是 ε 環。(Credits: W. M. Keck Observatory)

天王星環的構造非常複雜。最亮的 ε 環有一對衛星天衛六 (Cordelia) 和天衛七 (Ophelia) 在兩旁，把物質局限在寬度約 20～100 公里的軌道區域；但其他的窄環卻沒有找到相應的衛星進行同樣的動力學局限機制。在 ε 環的物質粒徑大約介於幾公分到幾公尺之間，微米級的粒子很少，科學家推測，這可能是因為天王星外球層的摩擦作用所致；也就是說，ε 環的來源可能和某顆小衛星受到碰撞而破裂成無數碎片有關。

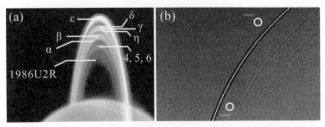

▲圖 12　(a)利用影像處理方法得到天王星環系統 ε 環內部的環結構；(b) ε 環和它的一對守護衛星天衛六和天衛七。(Credits: (a) W. M. Keck Observatory; (b) NASA/JPL-Caltech)

海王星的環系統

　　除了地面上的天文掩星觀測以外，有關海王星環系統的資訊主要來自美國航太總署的航海家 (Voyager) 二號太空船飛越海王星時拍攝的影像。海王星有 3 個主要的窄環，分別以對發現海王星有重要貢獻的 3 位天文學家命名： 亞當斯 (John C. Adams)、 伽勒 (Johann G. Galle)、 勒威耶 (Le Verrier)。 其中有些環因為鄰近衛星的重力作用，會出現不連續的弧狀結構。目前我們對這些相關的動力學作用還是不夠清楚，如同天王星的環系統，尚待未來的太空探測提供更進步的資料，才能獲得更完整的瞭解。

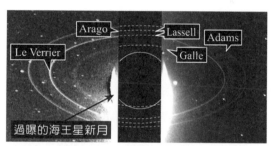

▲圖 13　海王星環系統的影像 (Credits: NASA/ JPL-Caltech)

3 太空旅行的矛盾：
孿生子的疑惑

文／林世昀

　　快樂的時光總是短暫，上課的時間總是流動得特別慢——這是你大腦感覺到的時間。老師可能會說：「這個不準啦！你看你的手錶，物理的時間流都是固定的，大家的物理時鐘都一樣快。」下次如果老師再這麼說，你可以用專業的口吻提出異議：「根據相對論，對我而言，不同運動狀態下的時鐘，物理時間流是不一樣快的，而且實驗結果確實如此。」

無風不起浪：從馬克士威方程式到時間流

　　話說在 20 世紀的頭幾年，物理學出現了一個當時大家覺得不大不小的危機。有人指出：描述帶電粒子和電磁場交互作用的馬克士威方程式 (Maxwell equations) 有點怪怪的——在它們等號左邊描述電磁場的部分，具有**勞侖茲對稱**[1]，也就是做完一種稱為「勞侖茲變換」的座標變換後，式子長得一模一樣，看不出有何變化；但等號右邊描述

---
1. 勞侖茲對稱：Lorentz symmetry，荷蘭物理學家勞侖茲 (Hendrik A. Lorentz) 於 1904 年提出。

帶電粒子運動的部分，擁有的卻是**伽利略對稱** (Galilean symmetry)，兩邊的對稱性並不相同。這表示不管經過勞侖茲、伽利略，還是其他你想得到的座標變換以後，馬克士威方程式兩邊至少有一邊會變形。如此一來，到底哪一個形式的馬克士威方程式是最基本的呢？我的實驗室和你的實驗室適用的馬克士威方程式是一樣的嗎？若是不一樣，我們的實驗結果對照起來有意義嗎？

　　和其他的物理理論一樣，有人覺得這不是太大的問題，馬克士威方程式在實驗室的尺度和精確度下能用就好。也有人認為這是勞侖茲對稱的問題，主張修改方程式左邊描述電磁場的部分，讓它具有伽利略對稱。而愛因斯坦則屬於第三派，認為帶電粒子的運動應該也要符合勞侖茲對稱才對。

　　1905 年，愛因斯坦發現，只要假設真空中的光速在所有座標之下看起來都是一樣的，再假設所有等速運動的觀察者都是平等的[2]，那麼他就可以為帶電粒子湊出具有勞侖茲對稱的運動方程式。於是，在對的時刻作出對的貢獻，愛因斯坦一舉成名，脫離魯蛇的行列。

　　但這和時間流有什麼關係呢？且讓我們想像一個最基本的時鐘：如圖 1 所示，利用光子在兩面鏡子之間的彈跳來計時，每次光子撞到鏡子，就相當於時鐘的指針動一格。假如你和你的時鐘都是靜止的，而鏡子之間的距離是 3 公尺，那麼光子從一面鏡子跑到另一面鏡子所需的時間大約是 10 奈秒（這在現代的實驗室中已經是儀器可以分辨的尺度了！），所以我們的這個時鐘相當於指針每 10 奈秒跳一格[3]。

2.這些假設並不離譜，從 1881 年開始，邁克森 (Albert A. Michelson) 和後來加入的莫雷 (Edward W. Morley) 就一直量不到真空中光速的變化。

3.其實若是沒有光子從時鐘裡撞到灰塵或雜質散射出來，進入你的眼睛或儀器中，你是看不到這個時鐘模型裡面的光在鏡子之間跑來跑去的。不過這不妨礙

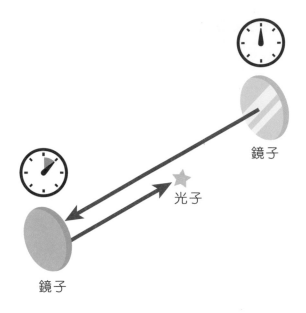

▲圖1　光子在靜止的鏡子之間彈跳示意圖

　　現在假如這個時鐘沿著垂直兩片鏡面軸線的方向，相對於你作等速運動。由於光速在你的座標下是固定的，對你而言，光子從一面鏡子到另一面鏡子走的是斜線，路徑比較長，因此你會覺得光子要花超過 10 奈秒的時間才能到達彼端（撞到圖 2 中的✖處），所以這個處在運動狀態的時鐘指針每動一格的時間，就比你的靜止時鐘慢一些。

　　這就是狹義相對論的**時間膨脹效應** (time dilation)，在實驗和觀測中都已經獲得證實。比如說，某些粒子的半衰期很短，不過在加速器中撞出來的那些粒子，在實驗室的儀器觀察下，卻可以經過很久才衰變。這是因為它們從撞擊處飛出來的速度，相對於靜止的實驗室儀器

　　我們用這個思考實驗來推論。你可以把本文中時鐘內部光子的來回運動想像成電磁或其他交互作用的傳播，後者的速度，最快也就是真空中的光速。因此這個時鐘在相當程度上可以類比原子、分子，甚至基本粒子中可以用來計時的物理特性，比如說輻射和衰變。

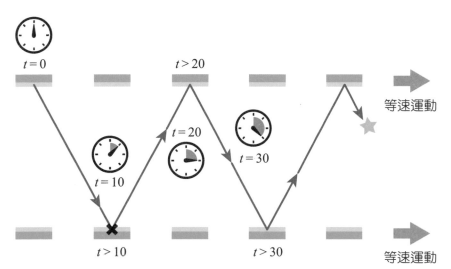

▲圖 2 　兩面鏡子向右作等速運動,感覺光子要花超過 10 奈秒的時間才能到達彼端。

來說非常快,所以正如狹義相對論所預測的,它們的時間流動對靜止觀察者而言非常慢。

學過狹義相對論的雙胞胎

假設有一對同卵雙胞胎,一個叫成雙,一個叫成對,他們從出生後就在完全相同的環境下長大成人,連成長和衰老的速度也完全一樣,打架時總是平手。有一天,兄弟倆打算來一趟太空旅行,可惜他們長得太胖了（而且一樣胖）,擠不進同一艘太空船。經過一番討價還價後,他們決定讓成雙留在地面的管制中心當聯絡官;而成對則搭上太空船進行太空旅行,在太空船進入預定軌道後,以高速向海王星定速巡航。假設這段期間兩個人吃的食物、用的東西、呼吸的空氣都一樣,身體成長的速度也一樣。

從地面聯絡官成雙的角度來看,他覺得自己是靜止的,而成對正相對以高速行進。根據狹義相對論,太空人成對的時間過得比他慢,

所以成對長得比自己慢。成雙心想，下次打架自己一定會贏。而從太空人成對的角度來看，成對和地面管制中心以高速遠離自己。根據狹義相對論，地面聯絡官成雙的時間過得比他慢，所以成雙長得比自己慢。成對也心想，下次打架自己一定會贏。

　　兩兄弟都覺得自己會打贏。其實這也沒什麼不好，只要不碰面、不打架不就沒事了？但成對回家的日子終究還是來臨了。成對利用海王星的重力場改變太空船的方向，朝地球高速返航。返航途中，情況還是跟之前類似：成雙覺得成對長得比自己慢，成對也覺得成雙長得比自己慢，所以兩人都還是自信滿滿，覺得贏得勝利的一定會是自己。

　　當成對回到地球跟成雙相見的那天，就是兩兄弟要一決勝負的時刻。問題來了，到時究竟是誰比較高壯？又是誰會贏呢？

誰贏都對？讓人傷透腦筋的孿生子悖論

　　這就是相對論中有名的 「孿生子問題」。如果你和成雙或成對一樣，從頭到尾都用教科書裡的狹義相對論來推論，大概就會陷入「雙方說的都對」的矛盾，無法得到結論。前人把這個問題稱為**孿生子悖論** (Twin Paradox)，對此傷透了腦筋。大家都想知道，到底結果會是誰贏？事實上，如果成對沒作弊，純粹比力氣的話，答案會是成雙贏！因為他在地面經歷的時間實際上比成對多一點，所以也多長大了一點。

　　這就怪了，難道狹義相對論出錯了嗎？當然不是囉！愛因斯坦在狹義相對論中曾提及：*加速度運動是絕對的，不是相對的*。而成對在太空旅行時，並非全程都和成雙作相對等速運動。就算忽略太空船發射時和降落時的加速度，成對在海王星轉彎的那一小段航程，也是加速運動而非等速直線運動。

作等速直線運動的人，如果不看別的參考物，就無法得知自己的狀態是靜止（速度為零）還是運動中（速度不為零）。就算有參考物可看，也不知道是自己在動，還是參考物在動。但是作加速或減速運動（速率和方向改變）的人，即使閉著眼睛也知道自己正在加速還是減速。不信的話，下次搭公車時可以閉上眼睛感受一下。由於搭乘太空船的成對並沒有從頭到尾都覺得自己好像靜止或一直在作等速直線運動，和待在地面上的成雙經歷不同，因此兩人經歷的時間一長一短，並不奇怪。

話說回來，只要海王星給太空船的加速度夠大（當然，不能大到摧毀太空船），那麼成對轉彎的時間就只占整段旅程的一小部分，幾乎可以忽略，將整趟旅程都視為等速直線運動，如此一來就適用於狹義相對論的討論範圍。然而，成雙會贏的結論依然不變。

為什麼成對還是長得比較慢，而不是和成雙一樣快呢？

其實成雙「覺得成對的時鐘變慢」，是從「等速直線運動觀察者的**雷達時間**（或**座標時間**）」得出的推論。它的操作型定義[4]如下：成雙先發出一個雷達脈衝，以光速射向成對，打到成對再反彈回來。成雙收到反射信號後，便可以記錄在雷達脈衝打到成對的當下，自己的時鐘應該指在幾分幾秒。因為從發信時刻到收信時刻，脈衝來回跑了一趟，所以成雙可以很自然地推論，脈衝打到成對的時間，應該就是發信時刻和收信時刻的正中間。例如在圖 3 中，成雙會「覺得」成對的 A 事件發生在 t_A，而 B 事件發生在 t_B。

---

4. 科學上的定義可分為「概念型定義」和「操作型定義」。前者多以文字敘述概念，比較抽象；後者則會顯示出觀察、測量等研究方法或步驟，以比較具體的描述下定義。

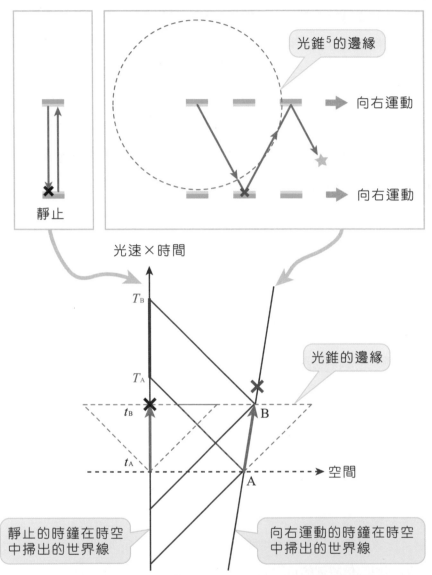

▲圖 3　靜止觀察者在雷達座標觀察到靜止時鐘和向右運動時鐘的世界線

5.關於光錐的說明，請參〈I-3 黑色恐怖來襲！吃不飽的黑洞〉篇圖 3。

假如成雙和成對各自依照自己的時鐘，每秒發出一個雷達脈衝，然後收集反射信號，記錄一系列脈衝撞擊對方的事件。以成雙的時鐘為準，將脈衝撞擊成對的時間和成對在這段期間送來信號的時間加以比對，當成雙和成對之間有相對的直線運動，不管他們是相互遠離還是相互靠近，成雙都會覺得成對的時鐘秒針每兩次跳動的時間間隔 $(X\text{-}A)$，比成雙自己時鐘的一秒還久 $(t_B\text{-}t_A)$，因此成雙會得出「成對的時鐘變慢」的推論。反之，若成對做同樣的事，也會得出「成雙時鐘變慢」的推論。這兩種時間流看似矛盾，其實並沒有什麼問題，就只是兩人各自外插用的座標不同而已。

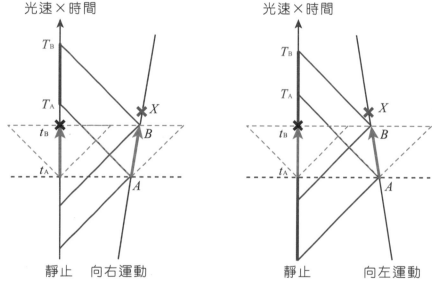

▲圖 4 從靜止觀察者在雷達座標下觀察到靜止時鐘和向右（相互遠離）、向左（相互靠近）運動時鐘的世界線，可見時間膨脹和方向無關。

「雷達時間」這招在成對作加速運動的期間還是管用的。如果成對乖乖地照剛剛的方法做，就會推論：「在成對作加速運動的那段期間，成雙的時鐘忽然變快，然後超車了！」因此最後兩人都會得到成雙經歷的時間較長的結論。

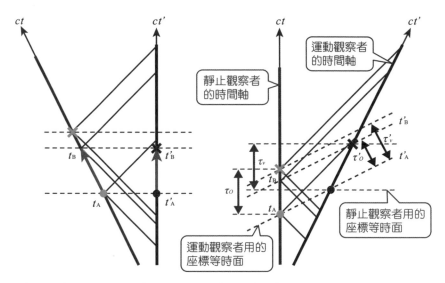

運動觀察者覺得靜止的
時鐘比較慢：
$t'_B - t'_A > t_B - t_A$

運動觀察者覺得靜止的時鐘比較慢
（$\tau'_v > \tau'_o$）

靜止觀察者也覺得運動的時鐘比較慢
（$\tau_v > \tau_o$）

和向右運動時鐘一起運動的
觀察者的座標

畫在靜止座標上的運動觀察者的
雷達座標

t'_A：運動觀察者記錄到光子從時鐘一端出發的時刻
t'_B：運動觀察者記錄到光子到達時鐘另一端的時刻
t_A：運動觀察者覺得靜止觀察者在 t'_A 那一刻的時間讀數
t_B：運動觀察者覺得靜止觀察者在 t'_B 那一刻的時間讀數

▲圖5 當觀察者也處於運動狀態，會覺得靜止的時鐘比較慢。圖中的等
時面是收集不同時間發出和彈回的雷達信號所描繪出來的。

你動我不動！觀察對方發射的信號

如果還是覺得很抽象的話，以下提供一個比較簡單的觀點。祕訣
是：不用主動發射的雷達脈衝和反射信號來推論，而是被動觀察對方
發過來的信號。

　　假如在地球上的成雙和在太空的成對約好，依據各自的時鐘，每秒向對方發出週期性的光脈衝信號。那麼成雙在成對的去程時（互相遠離），會「觀察」（不是「覺得」喔！）到成對發送的信號週期變長、時鐘影像動作變慢（圖 4 左的 T_B–T_A）；回程時（互相靠近）信號週期變短、影像動作變快（圖 4 右的 T_B–T_A）。是不是覺得這個現象似曾相識？沒錯，這就是都卜勒效應[6]。

　　同樣地，成對在去程時，會觀察到成雙送來的信號週期變長，回程時信號週期則變短。假如成對在去程和回程的直線速度方向相反但是速率相同，作加速度運動的時間又短到可以忽略，那麼簡單分析後就可以發現：如圖 6 所示，太空人成對觀察到地球上成雙的時鐘是慢動作的期間（左圖深藍線條）和快動作的期間（左圖淺藍線條）一樣長；而地面聯絡官成雙觀察到太空人成對的時鐘是慢動作的期間較長（右圖深綠線條），快動作的期間較短（右圖淺綠線條）。因此在兩人會合的時候將一致發現，成雙的時鐘已經多跳了好多格，也就是成雙經歷的時間會比太空人成對長。這很像歐基里德幾何學中，三角形兩邊之和必大於第三邊的原理。只不過在**時空**[7]（四維非歐基里德「空間」[8]）中，大小關係倒過來了。

---

6. 詳情請參〈IV-5 遠近有譜：都卜勒效應和宇宙紅移〉篇。

7. 時空：spacetime，由一維時間 × 三維空間所形成的四維「幾何空間」，在物理上稱為「閔考斯基空間」(Minkowski space)。

8. 一般人所認知的空間屬於三維歐基里德空間（有前後、左右、上下三種可以自由移動的方向）。在幾何學中，歐基里德空間可以擴展到更高維度。

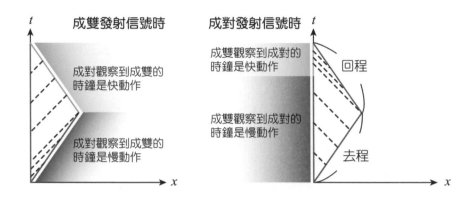

▲圖 6 　時空圖

4 宇宙的時空旅行：
蟲洞

文／高文芳

　　知名漫畫家藤子不二雄的漫畫《哆啦Ａ夢》描述一個少一根筋的
小學生大雄，糊塗到他的玄孫（孫子的孫子）覺得大雄需要他的保護
才能平安長大，因此經過書房的時空抽屜，從未來世界送了哆啦Ａ夢
這隻機器貓來守護大雄。類似的時空旅行故事，劇情多在描述主角想
回到過去修正自己曾經犯下的錯誤，結果反而愈幫愈忙，鬧得一發不
可收拾。

　　故事裡圓圓胖胖、非常可愛的哆啦Ａ夢有個百寶袋，可以隨意拿
出很多逗趣又好玩的道具，其中最受歡迎的就是任意門，只要把門打
開，立刻就能到達遙遠的地方。這個任意門，其實就是物理學家所談
到的「可以旅行的蟲洞」。

　　知名的科幻影集《星際爭霸戰》(*Star Trek*) 裡，也有一個類似的
道具——傳送器，可以把人或物品分解後再傳送到另一個地方重組，
任何東西都可以在一瞬間送達遙遠的地方。這些道具原本都是科幻創
作者或電影編劇順應故事劇情，隨意想像出來的，但是到了 1985 年，
卻成了物理學家認真看待的研究課題。

當科幻變成現實：一切都源自想像

故事的緣起是致力於科普推廣的天文物理學家薩根 (Carl Sagan) 於 1980 年代編寫的一部科幻小說《接觸》(*Contact*)。這是一本關於太空探險的科幻小說，當時非常暢銷，後來也被改編成熱門的同名電影《接觸未來》(*Contact*)。

薩根是美國康乃爾大學物理系的教授，不但參與美國航太總署太空探索任務的規劃，還主持一系列享譽全球的電視節目《探索宇宙》(*Cosmos: A Personal Voyage*)，是家喻戶曉的明星科學家。傳說

▲圖 1　《接觸未來》電影海報 (Credits: BFA/Alamy Stock Photo)

出版社為了邀稿，預付 200 萬美元請他寫書，還告訴他「不管寫什麼都可以」，他因為盛情難卻，最後才會創作出《接觸》這本暢銷小說。

因為薩根是天文物理學家，希望小說裡的劇情不要違反任何物理定律，但是想到遙遠的宇宙和外星人接觸，勢必要有比光速更快的旅行方式，因此他把寫完的草稿寄給加州理工學院的物理系教授索恩 (Kip S. Thorne)，問他這種類似任意門的快速旅行工具到底可不可行。

這位索恩教授大有來頭，不僅和薩根一樣是知名的物理學家，還在 2017 年因為偵測到重力波而獲頒諾貝爾獎，而在 2014 年轟動全球的科幻電影《星際效應》(*Interstellar*)，便是由他擔任科學顧問和執行製作人。

索恩一收到信就把這想成是「物理學家對物理學家」的提問，因此相當認真的把這個問題當成研究課題來思考。當時很多人都希望黑

洞可以用來作為**蟲洞**——理論上在宇宙中可以連接兩個不同時空的隧道。但是任何物體接近黑洞的事件視界[1]時，相鄰兩點間的引力差異實在太大，這種引力的差異是超強的潮汐力，會把所有物質都拉成細細的麵條，所以黑洞根本不適合做為宇宙旅行的工具。

如果蟲洞存在會怎樣？

▲圖 2　《星際效應》電影海報 (Credits: PictureLux/ the Hollywood Archive/ Alamy Stock Photo)

從臺北到紐約最短的路程，不是搭飛機飛行十幾個小時的大圓航線[2]，而是直接在地上打一個洞，筆直地通向紐約。雖然目前我們還沒有能力挖通這條隧道，但可以「想像」一下：假如這條隧道真的存在，從臺北的洞口跳下去，需時多久可以抵達紐約的洞口？答案是 42 分鐘左右。（往下跳的時候記得頭下腳上，就像選手參加跳水比賽一樣，這樣一來掉出洞口的時候就可以頭上腳下，姿勢優雅地抵達美國的大蘋果——紐約。）

索恩設想：如果我們可以在宇宙任意兩點間，打造一個類似從臺北直達紐約的隧道，就可以快速連結「看起來」很遙遠的宇宙遠方。問題來了，這個被他的博士論文指導教授惠勒 (John Wheeler) 稱為「蟲洞」的隧道，到底應該要滿足什麼樣的物理條件？

1.詳情請參〈I-3 黑色恐怖來襲！吃不飽的黑洞〉篇。

2.大圓航線：沿著地球圓周（以地球半徑為半徑）飛行的航線。

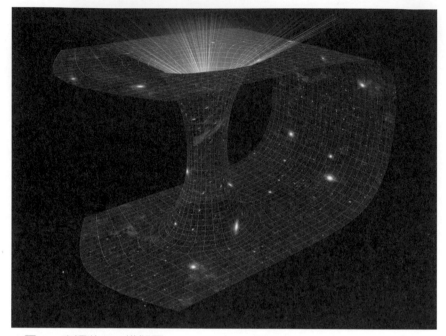

▲圖 3　蟲洞的 3D 模擬圖 (Credits: Shutterstock)

　　廣義相對論被提出後，很多人都討論過類似的蟲洞解，包括愛因斯坦和羅森 (Nathan Rosen) 也曾在更早期提供一個類似的時空解，稱為**愛因斯坦－羅森橋**，但是和黑洞一樣，並不適合時空旅行。

　　索恩以過去的研究做基礎，試圖找出一個可以旅行用的蟲洞。他先假設有個蟲洞可以讓太空船進入，並在一年內快速抵達織女星，但是經過仔細推算，卻發現組成這種蟲洞的物質必須帶有負能量，很難穩定存在，因為任何帶有正能量的物質一進入蟲洞，就會和帶有負能量的橋互相毀滅。到目前為止，科學家還不知道如何維持這個蟲洞的穩定。

　　有個知名的科學家就大膽預估：人類也許要等一千年後才有能力任意搭建一座穩定的蟲洞。後來薩根在小說裡也避重就輕，把搭建蟲洞的工作推給已經滅絕的「外星人」，拒絕回答如何建造蟲洞的難題。

　　有趣的是，索恩還發現只要有兩個一來一回的蟲洞，就可以設法設計成時光機器，回到旅行者尚未出發的時空。因為這個驚人的發現，時光機器不再只是科幻小說家或電影編劇毫無根據的空想，也讓當時的物理學家為之瘋狂，開始認真思考時光機器存在的可能性和可能造成的影響。

　　當時科學家一頭熱地探討相關問題，有個漫畫家便畫了一篇漫畫表達他的憂心與諷刺。畫裡有一家出租時空車的小店，招牌上寫著「出租一小時 10 元」。後來有位顧客來租車，卻提早一小時還車，反過來向老闆收取 10 元的「出租費用」，租賃業變成賠本生意。這篇漫畫暗示著人類的經濟結構、生活方式都是建構在「傳統」的因果關係上，一旦有了時光機器，帶給人類的影響將是全面性的衝擊，不只是電影劇情裡笑笑鬧鬧、沸沸揚揚的喜劇而已。許多物理學家為了消除人們對時光機器的顧慮，便開始設想千奇百怪的理由，希望得到「即使時光機器存在，時光旅行的人還是無法改變既定的過去」這個結論。

　　幽默的索恩教授不但在 1988 年把研究成果發表在知名的物理期刊《物理評論通訊》(*Physical Review Letters*) 上，還寫了一篇比較通俗的科普文章發表在《美國物理學刊》(*American Journal of Physics*)，建議所有大學都可以拿蟲洞模型來教廣義相對論。他甚至還把自己的研究成果改寫，作為期末考卷的命題，拿來測試那個學期修課的學生。傳說學生的考核結果出奇地好，讓索恩確認這是教學的優良典範。

　　索恩說，這個模型實在簡單到讓人懷疑人生，雖然他相信應該有別人早就想過這個模型，但是找遍文獻都找不到類似的報告。看到這裡可能很多讀者都會心癢癢的，很想趕快學點廣義相對論，再來仔細看看這個吸引人的時光機器。

5 另一個世界存在嗎？
平行宇宙

文／巫俊賢

　　一支太空搜救隊伍經過蟲洞，穿越時空回到地球附近。當大家正在慶祝終於可以回到地球時，突然有人發現地球看起來似乎不太一樣，雖然外表還是原來的地球，可是自轉的速度好像變快了？

　　這種故事情節經常在科幻電影裡發生，非常引人入勝。我們不禁要問：這是可能發生的嗎？為什麼？那我們會不會一覺醒來，世界就變了？轉念一想，如果睡完一覺世界就改變，可以把今天發生的壞事都變不見，那該有多好！

　　其實這就是平行宇宙的概念！平行宇宙若真的存在，或許很多電影裡的想像就會成真，我們也都可以心想事成。為什麼說「或許」呢？因為就算平行宇宙真的存在，發生的機率也是個變數。就像很多人去買彩券，希望一夜致富，可是大部分的人都會失望，因為中獎機率實在太低了。這是同樣的道理。

什麼是平行宇宙呢？

談到平行，就會聯想到兩條平行線。平行的概念就是不相交，也就是互不相干。既然如此，平行宇宙不就是指有兩個以上的宇宙，彼此互不相干嗎？如果不相干，那一般人所幻想的、科幻電影所設定的故事場景，顯然跟平行宇宙的概念有些不同。所以在談平行宇宙前，我們要先探討兩個問題：

⑴兩個以上的宇宙其實是在講多重宇宙，所以得先瞭解多重宇宙。

⑵不同的宇宙有可能會互相交錯嗎？這得引進量子力學的闡釋，稱作「多世界闡釋」。

可觀測宇宙

近代宇宙學理論給了很好的預測，觀測結果也非常吻合理論[1]。創生後的宇宙可能是無限大，可是跟我們相關的**可觀測宇宙**卻是有限的。光速是傳遞訊息的極限速度，如果宇宙有年齡，跟我們相關的空間大小就約略是宇宙邊緣和地球之間的距離。把光當作一把尺，利用光速乘以宇宙年齡，也就是光從宇宙邊緣來到地球所花費的時間，就可以估算出這段距離，而這個空間也就是所謂的可觀測宇宙。

舉個例子，假設全世界的郵差同步在 12 月 15 日早上將所有小朋友寄給聖誕老人的信以陸運及海運等方式往北極運送，經過一天後，聖誕老人會收到全部的信嗎？

1.詳情請參〈III-3 餘韻未絕的創世煙火：大霹靂〉、〈III-4 早期宇宙的目擊證人：宇宙微波背景〉篇。

　　答案是不會。聖誕老人會先收到住在附近的小朋友的信，愈遠的信會愈晚寄到。假設郵差送信的時速是每小時 80 公里，兩天過後，他所移動的最遠距離是 80（公里／時）× 48（時）＝ 3,840（公里）。所以聖誕老人只會收到半徑 3,840 公里內的信，在此之外的小孩子有什麼願望，他都無從得知。在這一刻，對他而言，這個範圍內的空間才有意義──可觀測宇宙就是這個概念。若繼續等下去，聖誕老人會收到更遠的小朋友的來信，他可以服務的地域大小就會變大；可觀測宇宙也是如此，會隨著觀測時間拉長而愈變愈大。

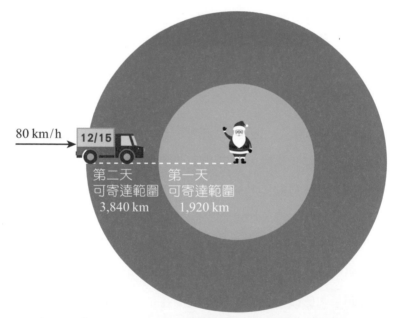

▲圖 1　對聖誕老人而言，郵件可寄達範圍內的空間才有意義；就像對人類而言，可觀測宇宙之內的空間才有意義。(Illustration design: Freepik)

多重宇宙

在宇宙創生時，小的宇宙在很短的時間內陸續產生，可能會有無限多個小宇宙。這些小宇宙的物理定律、物理常數、初始條件或許各有不同。在這麼多的宇宙中，即使機率很小，也不排除可能有個跟我們的可觀測宇宙幾乎一模一樣的小宇宙存在，那裡可能也有一個地球，更甚者，可能還有另外一個你。可是那個宇宙在非常遙遠的地方，理論上，礙於光速是有限的，那個宇宙不會跟我們有任何關聯，這跟一般人的想像是不一樣的。

另外一種「多世界觀」跟奇特的量子力學現象有關，在 1957 年由艾弗雷特 (Hugh Everett) 提出。量子力學一般的闡釋是：「在你觀察一個物理量之前，有無限多的可能性存在，你可以說它們是真實存在的，雖然預期發生的機率大小不同，可是一旦你觀察它，就只會有一種結局，而且回不去了。」這跟生活中常講的機率有點不一樣，以丟銅板為例，雖然出現正、反面的機率各半，可是一旦丟出銅板，終究只會有一個結果——不是正面就是反面，但在丟出銅板之前，這個結果並不存在。

我們可以再舉有名的「薛丁格的貓」來談古典物理跟量子力學的差別：把一隻貓跟一個裝有毒氣的罐子一起放進不透明的箱子裡，當下次再打開箱子時，貓是活著還是死了呢？

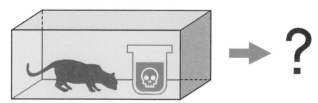

▲圖 2　把一隻貓跟一個裝有毒氣的罐子一起放進箱子裡，下次打開箱子時，貓是活著還是死了呢？

　　以古典物理的角度來看，不管貓是活著還是死了，都是在打開箱子前真實發生的事，只是我們看不到而已；可是從量子力學的角度來看，在打開箱子前，兩種情況都是真實存在的，只是當箱子打開的那一瞬間，我們只會看到一種情況實現，而另一種情況則會消失。很奇妙吧？更奇妙的是，艾弗雷特認為，即使打開箱子並看到貓死掉了，另外一個貓還活著的情況並沒有消失，而是會繼續存在另一個世界！

　　想像一下，最後一班回家的車只剩下一個座位，你跟另一位乘客以丟銅板來決定誰可以搭車。在丟出銅板前，你的未來有兩種可能：一、開開心心回家睡覺，隔天約會順利，從此過著幸福快樂的日子；或是二、流落街頭，隔天失約，被甩了，悲慘地自哀自憐。以一般人的認知，丟出銅板之後，這兩種不同的未來只有一個會成為事實，另一個則不會發生。這是我們所認知的世界運行法則，可是艾弗雷特的「多世界觀」是一種多重宇宙的概念，他打破了觀察後就只剩下一種現實的想法。

　　艾弗雷特認為，即使你觀察並得到一個結果，其他的可能性依然繼續存在，而且是真實的。若把時間也放進去考慮，那就表示真實存在的歷史軌跡不只一條，也就是所有可能的世界都是真實存在的，並不會因為被觀測之後就只剩下一個。回到剛剛假設的故事情境，即使你丟輸了銅板，流落街頭，另一個世界依然存在，你還是有機會回到幸福快樂的未來。這種平行宇宙提供了很多的想像空間，也比較吻合一般科幻電影的故事情節。

6 生死與共的夥伴：

雙星

文／陳文屏

　　宇宙中超過一半的恆星為雙星，有些甚至是多星互繞的系統。一般認為恆星形成時，雲氣收縮會造成快速自轉，在損失角動量的過程中，可能發生兩種情形：其中一種情形是先形成環星盤，最終可能形成行星；另外一種情形則是形成雙星。

雙星有哪些種類？

⑴光學雙星：

　　兩顆星在天空中的位置看起來相近，稱為**光學雙星**。從地球看去，它們似乎很鄰近，但事實上兩顆星可能相距甚遠，運動相異，彼此並無關連。

　　「真正的」雙星會因為彼此的引力吸引而繞著質量中心運動。要是能夠分辨出兩顆星，並測量出它們互相繞行的軌道，這就是**視雙星**。一般以較明亮者或質量較大者為「主星」，稱之為 A；較暗淡或質量較小者則為「伴星」，稱之為 B。

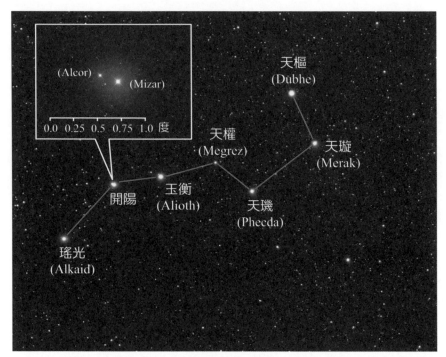

▲圖 1　北斗七星從斗柄末端算來的第二顆星，稱為「北斗六」，也叫「開陽」，是中國古代掌管官運及財運的「祿星」，用肉眼就能清楚分出兩顆星。其中比較亮的英文名為 Mizar，本身是個 4 顆星的系統，比較暗的那顆 Alcor 也是雙星，因此開陽其實是個六星系統。(Credits: Big Dipper: A. Fujii; Mizar & Alcor: F. Espenak)

⑵光譜雙星：

　　有一類雙星在影像中無法看出兩顆星，但是藉由譜線的都卜勒效應[1]可以推測出它們的軌道運動，這就是**光譜雙星**。有些光譜雙星顯示出兩種型態的譜線，由於雙星互繞的結果，兩種型態的譜線隨時間分別藍移、紅移，這種類型即是**雙譜線光譜雙星**。有時候伴星太暗，光譜中只能看到單一型態的譜線隨著時間發生週期性的藍移、紅移，這種類型則是**單譜線光譜雙星**。

1.詳情請參〈IV-5 遠近有譜：都卜勒效應和宇宙紅移〉篇。

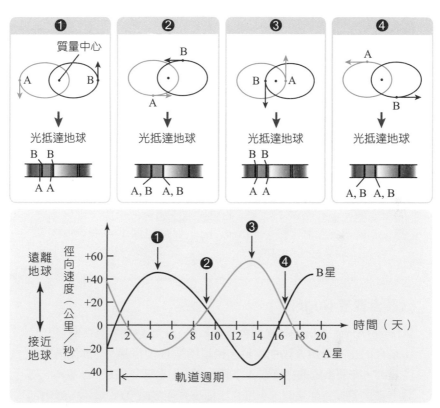

▲圖2　光譜雙星的譜線會隨著雙星互繞（處於❶、❷、❸、❹的狀態）
而週期性改變波長，如圖中的雙譜線光譜雙星，兩組光譜來回對應變化。
居於❶狀態時，Ａ星朝向地球而來，譜線藍移；此時Ｂ星離地球而去，
因此紅移。居於❸狀態時，情形相反。而居於❷或❹狀態時，兩星運動
皆垂直於視線，沒有都卜勒效應，因此兩組光譜重疊。若Ｂ星太暗，只
能看見Ａ星譜線呈週期性變化，則為單譜線光譜雙星。

⑶食雙星：

　　另有一類雙星的軌道平面幾乎與我們的視線平行，以致會發生遮
掩，也就是「食」的現象，這就是**食雙星**。有些情況即使沒有發生食
的現象，還是可以經由精確的測量，測得從伴星反射的光線，或是因
伴星的潮汐力造成主星形狀變形而產生特殊的亮度變化，依此推測伴
星存在。

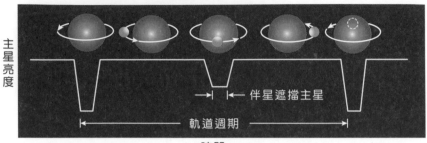

▲圖 3　食雙星的示意圖。若兩星輪流遮掩，亮度會出現週期性變化。這裡的例子顯示當比較熱（藍色）的星球被遮住，亮度會下降，而當比較熱的星球遮住後面體積比較大，但是表面比較冷的星球，整體亮度也會變暗，不過下降程度比較小。(Reference: NASA/GSFC)

大陵食雙星 (Algol)

大陵五 (Algol; β Persei) 是個食雙星系統，光變週期約為 2.87 天，其中較亮的主星是顆 B 型主序星，伴星則是 G 型巨星[2]。當伴星擋住主星時，整個系統的亮度在 4 小時內從 2.1 星等變暗成 3.3 星等。反之，當主星擋住伴星時，亮度（次極小）僅變暗 0.06 星等，變化不明顯。此系統另有週期 1.862 年的光譜變化，顯示另有第三顆星。電波觀測顯示伴星的質量流往主星，造成間歇性電波強度急遽增大。此類食雙星以 Algol 為名。

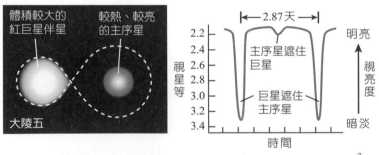

▲ 圖 4　大陵五為半分離雙星，彼此互食造成特殊的光變曲線[3]。

2. 詳情請參〈II-5 星星電力公司：恆星演化與內部的核融合反應〉篇。

⑷緊密雙星：

　　當雙星之間的距離與它們本身的大小相當，這時兩顆星會相互影響，例如潮汐力導致星體不再維持球體狀；或是兩顆星會交換物質，有些甚至連大氣都會彼此接觸，這類的雙星稱為**緊密雙星**。緊密雙星通常也是食雙星，具有特殊的「光變曲線」。

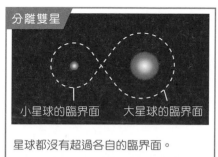

分離雙星

小星球的臨界面　　大星球的臨界面

星球都沒有超過各自的臨界面。

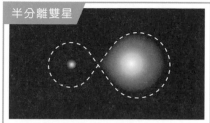

半分離雙星

其中一顆星膨脹，充滿了臨界面，物質因此能夠流向另一顆星。

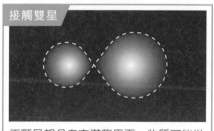

接觸雙星

兩顆星都各自充滿臨界面，物質可能從任一顆星流向另一顆星。

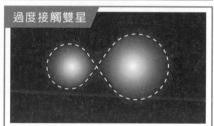

過度接觸雙星

兩顆星的物質都滿溢出臨界面，彼此共享外層大氣。

▲圖 5　緊密雙星可能有分離雙星 (detached binary)、半分離雙星 (semi-detached binary)、接觸雙星 (contact binary)、過度接觸雙星 (overcontact binary) 等種類。

3. Reference: Neil F. Comins, William J. Kaufmann III (2005). *Discovering the Universe*, 7th *Edition*. W. H. Freeman.

天琴座 β 星 (β Lyrae)

天琴座 β 星為半分離雙星，物質流向分離的星球，形成**吸積盤** (accretion disk)，擋住了該分離星。

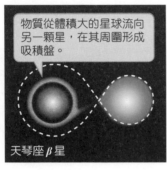

物質從體積大的星球流向另一顆星，在其周圍形成吸積盤。

天琴座 β 星

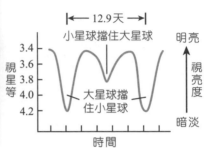

▲圖 6　天琴座 β 星為半分離雙星，物質從一顆星流向另一顆，造成特殊的光變曲線[3]。

大熊座 W 星 (W Ursae Majoris)

大熊座 W 星為過度接觸雙星，彼此距離非常接近，以致兩顆星共享大氣層。

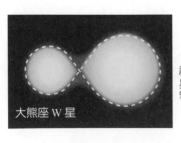

大熊座 W 星

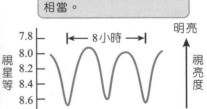

兩顆星大小差不多，互相遮擋造成亮度變暗的程度相當。

▲圖 7　大熊座 W 星為過度接觸雙星，兩星互食造成特有的光變曲線[3]。

雙星的軌道運動

雙星系統中兩顆星互繞其質量中心，質量分別為 M_1 與 M_2，以克卜勒運動定律表示為

$$M_1 + M_2 = \frac{a^3}{P^2}$$

其中 M_1 與 M_2 以太陽質量為單位；a 是兩顆星之間的距離，以天文單位為單位；而雙星軌道週期 P 則以年為單位。個別恆星與質量中心的距離的關係為

$$M_1 a_1 = M_2 a_2$$

$$a_1 + a_2 = a$$

由觀測可得出兩顆星的投影角度。若知道此雙星與地球之間的距離，便能推算出 a；若能觀測出軌道，則能估計 a_1 與 a_2。

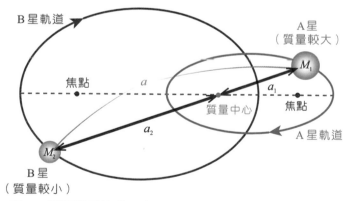

▲圖 8　雙星運動軌道示意圖

單獨一顆星在太空中以直線前進，我們看到的投影軌跡也是直線。但是如果與伴星互繞，星球前進的軌跡就呈現彎曲；而且伴星的質量愈大，彎曲愈明顯，即使有些伴星太暗，也能從主星的運動看出伴星存在。夜空中最明亮的恆星——**天狼星**就是這種情形。

天狼星 (Sirius)

天狼星是著名的雙星系統，其中主星天狼 A 是主序星，伴星天狼 B 則是白矮星。天狼 B 在可見光波段的亮度只有天狼 A 的萬分之一；但在 X 射線波段則比天狼 A 明亮。兩者互繞一圈需時約 50 年。

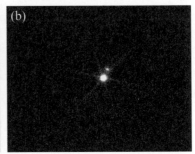

▲圖 9　天狼星在不同波段呈現的影像。(a)可見光波段，左下方暗星為天狼 B；(b) X 射線波段，圖中央亮星為天狼 B，因為軌道運動，相對位置與(a)圖不同。(Credits: (a) NASA/ESA/H. Bond (STScI)/M. Barstow (University of Leicester); (b) NASA/SAO/CXC)

▲圖 10　天狼 A、天狼 B 和雙星的質量中心 C 相對於背景星空的視運動軌跡 (Reference: Schneider & Arny: units 56, 57)

▲圖 11　照片中央下方的亮星為天狼星，右方則可見獵戶座亮星。瀰散的
紅色部分為氫氣的輻射。中央由右上到左下為銀河的一部分。（Credits：
王為豪）

為什麼要研究雙星？

　　由於雙星運動提供直接估計星球質量的方法 ，因此恆星**質光關
係**[4] 中的數據多來自雙星的研究。有些星團當中存在「藍掉隊星[5]」這
種大質量的主序星，這一點讓人疑惑，因為該星團中其他大質量的恆
星已經演化到離開主序的階段。目前藍掉隊星的成因不明，一般推測
可能是雙星合併再造了恆星的主序生命，或是該種恆星有特殊磁場或
自轉，延長了主序期。

4.說明主序星的光度如何隨質量改變。

5.關於藍掉隊星的說明，請參〈I–9 熱鬧的恆星出生地：星團〉篇註 1。

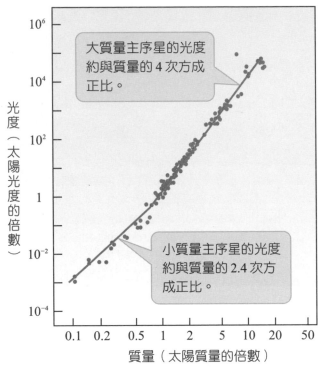

大質量主序星的光度約與質量的 4 次方成正比。

小質量主序星的光度約與質量的 2.4 次方成正比。

▲圖 12　由雙星系統估計的質光關係圖

　　雙星若是包含緻密天體，像是白矮星、中子星，或是黑洞，便稱為**緻密雙星**。由於天體強大的重力場，以及複雜的物質流動，這些雙星常伴隨著特殊現象，例如產生高能 X 射線輻射的 **X 光雙星**[6]。

　　目前我們對於單顆恆星的形成、演化以及衰亡已經有了基本認識。至於雙星，因為主星與伴星彼此間發生交互作用，因此有多樣的演化現象。以緊密雙星為例，由於其中質量較大的恆星演化較快，會先離開主序階段成為白矮星——不再進行核反應的星球殘骸。之後，雙星系統中的伴星演化成龐大的紅巨星，充滿臨界面，當物質流往白矮星表面，強大的引力場導致氣體劇烈加壓、升溫，一旦點燃核反應，星球便瞬間增亮，成為**新星**。

6.詳情請參〈V-7 能量爆棚！奇特的 X 光雙星〉篇。

▲圖 13　緻密雙星示意圖。當物質流向緻密天體，形成吸積盤，釋放出高能輻射，可能另外形成噴流。(Credits: ESA)

　　有些雙星非常接近，即使伴星尚未脫離主序階段也可能造成新星爆發。有些新星甚至可能重複爆發，像蛇夫座 RS (RS Ophiuchi) 這顆星已知爆發 6 次（分別在西元 1898、1933、1958、1967、1985，還有 2006 年）。當白矮星從伴星吸積物質，若造成本身的質量超過**錢卓塞卡極限**[7]，便會引發**超新星爆炸**。

　　如果雙星是由兩顆緻密天體組成，彼此互繞時釋放的「重力波」會使得軌道大小衰減，最終兩者合併，釋放出巨大能量。有些理論認為兩顆中子星合併造成重力波改變，也能夠解釋部分「伽瑪射線爆」的成因。

7.錢卓塞卡極限：意指以電子簡併壓力抵抗重力塌縮時所能承受的最大質量。詳情請參〈I-5 來自星星的我們：超新星爆炸〉篇。

7 能量爆棚！
奇特的 X 光雙星

文／周翊

　　天氣晴朗的夜晚，抬頭仰望天空，通常能看到許多星星。如果遠離城市，到光害較少的郊外，能看到更多星星。其中有幾顆特別明亮的星星，如金星、木星與火星，它們是行星，是我們太陽系家族的一部分。它們本身並不發光，是反射太陽照到它們的光才看起來那麼明亮。另外有些星星，如天狼星，就跟我們的太陽很像，屬於恆星，自己會發光。而我們能看到它們在天空閃亮，是由於它們發出比較強的可見光，而地球的大氣對可見光基本上是透明的，所以它們發出的星光能順利穿過大氣層，被我們看見。

　　事實上，一顆恆星不只會發出可見光，還會發出一些人類肉眼看不到的光，如無線電波、紅外線、紫外線、X 光及伽瑪射線等。要觀察這些不可見光，就必須使用特殊的望遠鏡，有些波段的光甚至無法穿過大氣層，所以望遠鏡必須放在太空中才能進行觀測。而 X 光就是屬於要在外太空才能進行觀測的波段。

　　一般恆星所發出的光，其波段還是以可見光為主。以太陽為例，X 光僅占太陽總發光量的百萬分之一，所以 X 光在一般恆星中並不重要。但宇宙中有一種奇特的星星，能夠發出非常強烈的 X 光，它們發出的 X 光比太陽發出所有的光還要大幾千倍，甚至幾百萬倍以上！究竟這種星星的真面目是什麼呢？答案揭曉，就是本篇所要介紹的 X 光雙星！

重量級小不點組合：X 光雙星

　　在瞭解什麼是 X 光雙星以前，必須先知道什麼是雙星[1]。但若只是雙星，並不足以發出強烈的 X 光，還要具備許多條件才能稱之為 X 光雙星。首先，其中一顆星（以下稱之為主星）必須是中子星或恆星級的黑洞（以下就稱它為黑洞吧），這兩種天體都是大質量恆星死亡後留下的殘骸，它們的特點是質量比太陽略大，但尺寸卻又特別小。中子星的半徑大概只有十幾公里，黑洞的半徑則約十幾公里到幾百公里，跟一座地球上的城市差不多，但比起太陽的半徑 70 萬公里，那真是小巫見大巫。在這麼狹小的一個空間裡擠入與太陽質量差不多的物質，可以想像它們有多緊密：一湯匙中子星的質量，甚至比全人類的質量總和還要大。在如此緊密的星星上，表面重力場大得驚人。一般的杯子掉到地上，可能「啪！」一聲就碎了，但同樣的杯子掉到中子星的表面時，後果可是比一顆原子彈爆炸還要嚴重。

　　雙星中的另一顆星（以下稱之為伴星）又是什麼呢？事實上，只要是不像主星那麼緊密的星星都可以成為主星的伴星，如一般的恆星、非常鬆散的紅巨星或比較緊密的白矮星。當然單憑主星與伴星形成一個雙星系統，還不足以達到成為 X 光雙星的條件。要形成 X 光雙星，

1. 詳情請參〈V–6 生死與共的夥伴：雙星〉篇。

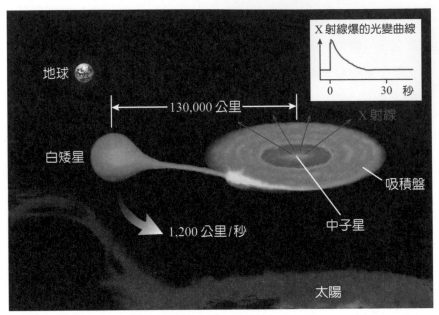

▲圖 1　目前已知軌道週期最短的 X 光雙星 4U 1820-30，主星為中子星，
而伴星為一個白矮星，在中子星的那側有吸積盤。兩顆星之間的距離比
太陽的半徑還小，它們互繞一周僅需 11.5 分鐘。(Reference: D. Page)

主星與伴星的距離必須比一般雙星還要小得多，大概只比伴星的大小
略大一點。此時，受到強大的重力場作用，大部分的情況下主星會把
伴星拉成像水滴狀。伴星的物質會從水滴尖端被吸引到主星那一側，
但這些被吸去的物質並不會乖乖地直奔主星而去，而是會經由一些複
雜的物理作用，在主星旁形成一個像盤狀的物體，稱之為吸積盤。在
吸積盤上的物質彼此間有類似摩擦力的黏滯性，會使這些物質逐漸掉
落到主星表面。由於主星表面附近的重力場很強，可以把這些物質加
熱到數百萬至數千萬度，因而發出強烈的 X 光。

　　X 光雙星在天文學上占有很重要的地位，其中有許多科學主題受
到關注，比如說吸積盤的運動、中子星與黑洞的性質、X 光雙星如何
形成及演化等，許多天文學家正在研究。事實上，X 光雙星的存在甚
至對基本物理的研究提供了一個很好的實驗室，它們擁有我們在地球

上的實驗室無法製造出來的環境。比如說，主星附近的溫度極高（數百萬到數千萬度），主星附近的重力場超過地球重力場的千億倍，這可以用來驗證廣義相對論。又如中子星表面的磁場比地球磁場高出數億至數兆倍，我們不可能在地球上的實驗室人工製造出如此強大的磁場。可惜的是，擁有這種極端環境的實驗室遠在天邊，我們只能藉由觀測其發出的 X 光來進行研究。

X 光雙星誰作主？中子星與黑洞

中子星與黑洞都是很有趣的星星，以中子星為例，在極度狹小的空間擠進質量極大的物質，這些物質還跟地球上的物質一樣嗎？顯然不是。而它之所以被稱為中子星，是因為它完全由中子所構成嗎？恐怕也沒有這麼簡單。再者，中子星的物質被壓縮得那麼緊密，其實已經跟黑洞相差無幾，說不定只要再加一點質量、半徑再縮小些，真的會變成黑洞。但是到底還需要加多少？中子星的半徑如何隨質量變化？這是天文學家與物理學家還在傷腦筋的事，希望透過觀測中子星，有朝一日能解開這個謎團，而觀測 X 光雙星中中子星的一些現象就有助於解開此謎團。至於要如何瞭解中子星？最好能接收到直接由中子星表面所發出的光。

某些以中子星為主星的 X 光雙星會發生 X 光爆發的現象，它們的 X 光亮度會急速暴增數十至數百倍，然後快速下降，過程僅歷時數十秒到數小時。這是由於吸積到中子星表面的物質在特定的溫度與密度下，發生了類似氫彈爆炸的反應，差別在於主角並不是氫，而是氦或碳元素，所以我們或許可稱它為「氦彈」或「碳彈」吧！由於 X 光爆發時，其 X 光主要是直接來自中子星表面，觀測這些 X 光便能讓我們對中子星有進一步瞭解。

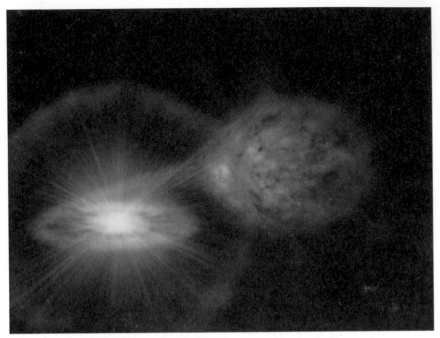

▲圖 2　X 光爆發的藝術家想像圖 (Credits: David A. Hardy)

　　接著來談談黑洞。我想不僅是科學家，一般民眾也對黑洞很有興趣，許多科幻電影也會以黑洞為素材來鋪陳故事、安排情節。基本上，任何物體只要壓縮到夠小，就會形成黑洞。問題是究竟要被壓縮到多小才行呢?一個 60 公斤的人要被壓縮到比一個原子的一百兆分之一還小；而地球要被壓縮到半徑一公分左右；太陽則要被壓縮到半徑只有 3 公里才能變成黑洞。但大小是一回事，怎麼壓縮又是另一回事，宇宙中唯一能把物體壓成黑洞的力量僅有重力。然而，宇宙中也存在很多「抗力」來阻止物體形成黑洞。因此，儘管愛因斯坦的廣義相對論預測了黑洞的存在，但早年的科學家對於宇宙中存在黑洞的說法一直沒把握。時至今日，天文學家已經藉由許許多多的觀測證據認定黑洞存在，而且相信我們的銀河系中就有不少黑洞，它們是大質量恆星死亡後留下的殘骸。

　　但我們很難在地球上的實驗室對黑洞進行驗證與研究，終究還是得借助天文觀測才行。顧名思義，黑洞應該是一個完全不會發光的黑體，奇特的是，黑洞表面附近卻會發出非常微弱的光，稱之為霍金輻射[2]。但這道光實在太過微弱，根本無法觀測，因此只能另尋他法。有一種方法是設法把一些東西「丟」入黑洞，觀測這些東西快掉進黑洞前發出的光（其實是 X 光）。當然，人類無法自己「丟」，必須借助大自然的力量，於是便有人研究以黑洞為主星的 X 光雙星，觀測黑洞吸入伴星物質時發出的 X 光。事實上，研究黑洞 X 光雙星，是瞭解恆星級黑洞的唯一方法。藉由 X 光望遠鏡[3]觀測黑洞 X 光雙星吸積盤內緣所發出的 X 光來探究黑洞的特性，天文學家才得以不斷驗證愛因斯坦的廣義相對論。

▲圖 3　天文學家模擬背景光經過黑洞附近時扭曲的圖像，但恆星級的黑洞太小了，要用這種方式觀測恐怕很難。

2.詳情請參〈I-3 黑色恐怖來襲！吃不飽的黑洞〉、〈I-4 大大小小的時空怪獸：黑洞面面觀〉篇。

3.詳情請參〈IV-7 化不可能的觀測為可能：X 光望遠鏡〉篇。

▲圖 4　黑洞 X 光雙星，可能是目前可用以研究恆星級黑洞之唯一天體。在黑洞附近同樣會形成吸積盤，然而黑洞不但會吞噬吸積盤的物質，還會製造噴流，這種噴流速度可超過光速的 90%，它的成因目前還在研究中。(Credits: NASA/CXC/M. Weiss)

　　X 光雙星自 1960 年代初發現至今已超過半個世紀。由於更高性能的 X 光望遠鏡不斷投入觀測的行列，再加上其他波段的觀測資料，使我們對 X 光雙星及中子星、黑洞有更多的瞭解。而新的觀測不僅看到了新的現象，也引發了更多問題，值得我們進一步去探討。這就是科學研究的有趣之處，當我們知道得愈多，才深刻地體會到，原來我們所知道的實在很少。

▲圖 5　黑洞正在吞噬吸積盤的物質。(Credits: NASA/CXC/A. Hobart)

沒有旋轉的黑洞　　　　　　　　旋轉中的黑洞

▲圖 6　根據廣義相對論，在黑洞 X 光雙星中，吸積盤最內緣並不會與黑洞接觸，而會保持一段距離。最內緣的半徑大小與黑洞的自轉有關，自轉愈快的黑洞，內緣半徑愈小，天文學家可利用一些方法測得吸積盤內緣的半徑，間接得知黑洞自轉的程度。(Credits: NASACXC/M. Weiss)

8 內在強悍的閃亮暴走族：
活躍星系

文／黃崇源

　　星系是夜空中最美麗的結構之一。仔細觀察就會發現，每個星系都有各自的特色，不同星系之間除了形態不同之外，星系的輻射能量大小和形式也可能大不相同。用肉眼或可見光望遠鏡看見的星系，其光度的主要來源是這些星系中的恆星所發出的光線。一般星系的輻射能量跟星系裡的恆星一樣集中在可見光範圍附近，而恆星分布在整個星系中，所以星系的亮度也會較有規律地分布在整個星系空間裡。但是某些特殊的星系，卻可能把它大部分的輻射能量都集中在一個很小的空間區域中，而且這些星系的輻射能量可能來自其他波段，如無線電波、X光或遠紅外線。因為這些輻射波段能量過高，不太可能來自一般正常的恆星活動，必須有其他的能量來源，像這類的特殊星系，稱之為**活躍星系**。

　　天文學家習慣把天體分成二大類。即使某種天體的類型可能非常多，但不知為何，天文學家往往還是先把它分成二大類再繼續細分，例如：高質量恆星和低質量恆星、橢圓星系和漩渦星系、I型超新星

和 II 型超新星等，當然還有更多的例子。所以即使活躍星系的種類非常多，我們也可以先依據特徵把它區分成二大類：一種是**星球劇增**(starburst)，另一種則是**活躍星系核**（active galactic nucleus，簡稱 AGN）。

第一種活躍星系：星球劇增

一般的漩渦星系，每年約有一顆新的星球誕生，而且新誕生的恆星在整個星系中的分布範圍很廣。與之相反，有些星系每年卻可以有數十顆，甚至數百顆新的恆星誕生，而且這些新誕生的恆星都集中在一個很小的區域範圍內，這些恆星形成率很高的星系，稱之為「星球劇增星系」。

為何某些星系會有星球劇增現象？研究發現，星球劇增大都發生在不規則星系或是受擾動的星系中，而這些不規則星系則是在星系合併的過程中演變而來的：當兩個星系互相接近時，星系前後受到另一個星系的重力拉扯，不同位置所承受的力量並不相同，於是產生所謂的潮汐力，就像地球兩側的海洋所受的月球引力不同，使得地球被拉成橢球狀一樣，這些潮汐力會將星系拉出一些特殊的形狀，因而形成不規則星系。

在星系合併的過程中，因為星球的體積相對於星系來說非常小，所以不會互相碰撞，星球的物理狀態在星系的交互作用中也不會受到影響。但星系中的分子氣體雲氣在星系合併時有可能會

▲圖 1　位在武仙座的 NGC 6052 是進入合併晚期階段的星系，已經難分彼此。(Credits: ESA/Hubble/NASA/A. Adamo et al.)

互相碰撞，當分子雲彼此碰撞，就會使得分子雲的動力平衡狀態改變，造成星球劇增現象。

　　星系中的中性氣體雲氣通常包含分子雲和原子雲，但恆星只能在分子雲中形成。星系介質的分子雲與原子雲雖然都是中性氣體，但它們的物理性質卻有很大的差異[1]。一般而言，分子雲氣體的密度較大，而且處在重力平衡的**束縛態**[2]；也就是說，分子雲中的溫度、磁場、分子微擾運動等動能與整個分子雲的重力位能大致處於平衡態。相反地，原子雲氣體的密度低，所以無法只靠自身的重力，還需要有外界的壓力束縛才能達成平衡；換句話說，原子雲是與整個星系的星際物質維持壓力平衡。這些物理性質的不同，造成分子雲氣體和原子雲氣體在星系合併過程中有完全不同的現象。

　　由於原子雲氣體是與整個星系的星際物質呈壓力平衡。因此在星系交互作用中會呈現出星系交互作用的擾動特徵，例如：受潮汐力影響所產生的潮汐尾巴。相反地，分子雲氣體因為處在獨立平衡的束縛態，可以把它看成一個超重的個體。在碰撞過程中，較重的個體比較容易因為喪失能量和角動量而往整個系統的重力中心掉，因此分子雲會聚集在星系的重力中心。而這些聚集的分子雲會增加星球形成的效率，所以星系的交互作用常會觸發星球劇增。此外，分子雲多的區域，塵埃也會較多。星球在高密度分子雲區域大量形成也會加熱這些星球周圍的塵埃，並發射出大量的遠紅外線，形成所謂的**超亮紅外線星系**（Ultraluminous Infrared Galaxies，簡稱 ULIRGs）。

1.詳情請參〈II-8 蒼茫星空的輪迴：星際物質〉篇。

2.束縛態：當某一粒子在某個位勢場（如重力場）中被約束在一個或幾個空間區域內，則此粒子處於束縛態。

　　星球劇增現象可能發生在交互作用星系的不同位置，但當分子雲在碰撞過程損失角動量後，最有可能掉到星系中心，因此星球劇增現象普遍都發生在星系的核心區域。當分子雲因為損失角動量掉到星系的核心，除了引起星球劇增外，也有可能觸發另一種活躍星系的機制，也就是所謂的「活躍星系核」。

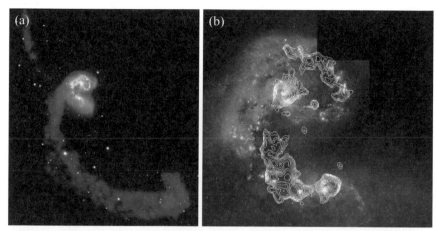

▲圖 2　(a)藍色部分顯示合併星系 NGC 4038/4039 的原子雲氣體分布；(b)顯示星系核無星系中心部分分子雲。(Credits: (a) NRAO/J. Hibbard; (b) NASA/ESA/the Hubble Heritage Team (STScI/AURA))

第二種活躍星系：活躍星系核

　　某些星系的核心區域能釋放出強大的能量，這些能量除了可見光外，也可能來自 X 光或無線電波，有時還會伴隨著很劇烈的光變現象。因為正常的恆星無法在那麼小的範圍內產生那麼巨大的能量，所以天文學家普遍相信，其能量來源是因為物質被吸積入星系核心中的**超大質量黑洞**（supermassive black hole，簡稱 SMBH）[3] 而釋放出其重力能，並把這個現象稱為活躍星系核。一個活躍星系也可能同時具有星球劇增和活躍星系核這兩種現象。

3.詳情請參〈V-8 宇宙大胃王的身世之謎：超大質量黑洞〉篇。

　　活躍星系核有許多不同的類型，如：西佛星系、電波星系和類星體等，以下簡單介紹其分類。

⑴**西佛星系：**

　　很久以前人們就發現某些漩渦星系有個特別亮的核心，後來又發現這些核心的連續光譜與一般恆星的連續光譜非常不同，為了紀念過去曾經深入研究這些明亮星系的天文學家西佛 (Carl K. Seyfert)，於是將這一類的星系歸類為西佛星系 (Seyfert galaxies)。此外，這些核心也有很多的發射譜線[4]。然而一般的恆星，通常只能在光譜上看到吸收線，因此可以推斷這些星系核心的輻射不是來自一般恆星。從發射譜線的寬窄，可將西佛星系再細分為**西佛一型星系**（具有較寬的氫發射線）和**西佛二型星系**（具有較窄的氫發射線）。

▲圖 3　西佛星系 M106 (Credits: NASA/ESA/the Hubble Heritage Team (STScI/ AURA) & R. Gendler; Acknowledgment: J. GaBany)

4.詳情請參〈IV-5 遠近有譜：都卜勒效應和宇宙紅移〉篇。

⑵電波星系：

電波星系 (radio galaxies) 會發出非常強的無線電波輻射，雖然這些電波輻射的分布區域可能很廣，但其能量卻都來自星系的核心。這些星系大多都是橢圓星系，可以依其電波的輻射型態，再把電波星系分成兩類：**FR I 型**（或稱為核暈型，core-halo type）電波星系和 **FR II 型**（或稱為雙瓣型，double-lobed type）電波星系。

FR I 型電波星系具有一個核心及外暈，其核心的電波連續譜較為平坦；而 FR II 型則具有較明顯的雙瓣結構，這種結構可以非常巨大，有時甚至比星系本身還大許多。FR II 型電波星系的電波輻射主要便來自其雙瓣結構，而且其電波連續譜較為陡斜。FR II 型的電波輻射通常比 FR I 型明亮。

▲圖 4　武仙 A (Hercules A) 的可見光和電波影像。武仙 A 是一個明亮的電波源，但它的電波型態特徵正好處於 FR I 型和 FR II 型之間，因此難以歸類。(Credits: NASA/ESA/S. Baum and C. O'Dea (RIT)/R. Perley & W. Cotton (NRAO/AUI/NSF)/the Hubble Heritage Team (STScI/AURA))

⑶類星體和類星電波源：

　　類星體（quasi-stellar object，簡稱 QSO）最早是從一些可見光的觀測發現的。某些看起來像是星星的點源，卻有奇怪的發射譜線，後來發現這些原來是高紅移的氫原子譜線。它的譜線特徵與西佛一型星系的譜線類似，差別只是紅移量較大。因為它的核心比它的母星系亮很多，因此我們只看到它的核心區域。即使類星體和我們之間的距離相當遙遠，觀測時仍算明亮，可想而知，這些類星體所輻射出的能量必定非常巨大，而且輻射能量來自一個相對很小的範圍。事實上，類星電波源 (quasar) 與類星體的可見光性質類似，只不過這些天體最早是從電波輻射的觀測被發現，因為這些天體同時具有很強的電波輻射。

　　目前研究發現，約有 10% 的類星體具有很強的電波輻射，它們被稱為**電波類星體**（radio-loud quasars 或 radio-loud QSOs）；不具強電波輻射的類星體，則稱為**電波無聲類星體**（radio-quiet quasars 或 radio-quiet QSOs）。不過關於類星體的名稱與用法，現實中並不是很一致。

▲圖 5　類星電波源的藝術想像圖 (Credits: ESO/M. Kornmesser)

現在認為西佛一型星系跟電波無聲類星體是類似的天體，因為兩者的光譜型態非常相像，唯一的差別是電波無聲類星體的輻射能量較大。對於電波無聲類星體，現有的定義是：如果一個天體有與西佛一型星系類似的光譜，並且沒有很強的電波輻射，則當其可見光波段的絕對星等比 –23 星等亮，我們就稱它為電波無聲類星體；反之則稱其為西佛一型星系。雖然最早的西佛星系是在漩渦星系中發現，但現今我們所知道的西佛星系，有很大的比例存在於橢圓星系中。

⑷蝎虎座 BL 型天體和光學劇變類星體：

蝎虎座 BL 型天體 (BL Lac objects) 與其他類星體不同的地方在於它沒有寬的發射譜線，而且其連續光譜的偏極化[5]很強，光度變化非常快。進一步研究發現，蝎虎座 BL 型天體通常位在橢圓星系裡。

光學劇變類星體（optical violent variable quasars，簡稱 OVV quasars）與蝎虎座 BL 型天體的性質很類似，唯一的差別是光學劇變類星體與一般的類星體一樣有明顯的寬發射譜線。蝎虎座 BL 型天體和光學劇變類星體通常都具有很強的電波輻射，不過一般而言，光學劇變類星體的輻射能量比蝎虎座 BL 型天體強。有時人們會把蝎虎座 BL 型天體和光學劇變類星體合稱為**耀變體** (blazar)。

一般的類星體每秒釋放的輻射能量可達到 10^{45} 爾格[6]，大約是太陽的 2,600 億倍，已經十分驚人；但是像耀變體這種活躍星系核，每秒釋放的輻射能量更可高達約 10^{47} 爾格，已經是太陽的 26 兆倍！而

---

5. 偏極化：光是一種電磁波，其電場與磁場互相垂直，但同時也與光波前進方向垂直。一般光線的電場，其方向可以是與光線前進方向垂直的任一方向。但若光線的電場有一個特定的方向，則稱為偏極化。

6. 爾格：erg，能量單位。1 爾格等於 10^{-7} 焦耳。太陽每秒釋放的輻射能量約為 3.846×10^{33} 爾格。

且其能量在幾小時內就可以有一倍的變化。能在這麼短的時間內有如此劇烈的能量變化，表示產生這些能量的區域很小（大概只有一個太陽系的大小），在這個跟太陽系差不多大的範圍內居然能輻射出超過1,000億個太陽的光度！遠比整個銀河系的輻射量還要強烈很多。這也是為什麼雖然類星體明明處在星系中心，但一開始人們都只看到類星體的點光源，完全觀測不到其宿主星系的原因。

但這些活躍星系核的能量是從哪裡來的呢？目前相信是來自星系中心的超大質量黑洞。當物質受到重力吸引而往黑洞掉時，物質的位能會轉換成動能，這時物質移動的速度可能會愈來愈快。如果往黑洞掉的物質很多，密度很大，物質彼此會因摩擦而將動能轉換成熱能，最後可以輻射的方式將能量釋出；意即星系中心的超大質量黑洞可以因為吸積其周圍的物質而放出能量。

這段過程中釋放的輻射能量所能達到的光度，大致跟黑洞的質量及吸積的速率成正比。但吸積的速率有個上限，因為當吸積量太多，導致輻射變得太強時，輻射壓[7]會大過重力，導致物質無法持續被吸積。當我們看到一個類星體的光度達到每秒 10^{47} 爾格時，其中心的黑洞質量至少相當於太陽質量的 10 億倍。

活躍星系核雖有許多類型，但有個被多數人接受的理論，認為不同活躍星系核的結構其實都很類似。活躍星系核之所以呈現出多種形態，主要是因為我們看到它的角度不同——這就是所謂的**活躍星系核統一模型**。活躍星系核統一模型對某些類型的活躍星系核來說可能正確（例如部分的西佛一型和二型星系），但還有許多現象仍難以解釋。例如：為何有的活躍星系核有強烈的電波輻射，有的卻沒有？有強烈

7.輻射壓：radiation pressure，也稱為光壓，指電磁輻射對物體表面施加的壓力。

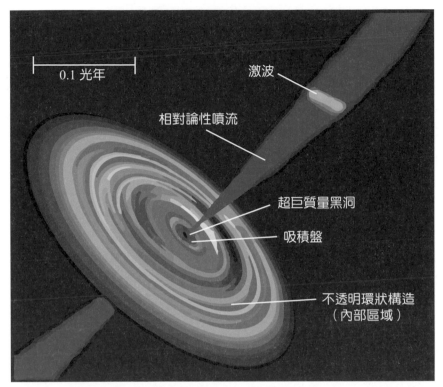

0.1 光年

激波

相對論性噴流

超巨質量黑洞

吸積盤

不透明環狀構造
（內部區域）

▲圖 6　活躍星系核中心吸積盤及噴流結構示意圖 (Reference: Wikimedia)

電波源的活躍星系大多來自橢圓星系或是透鏡狀 (S0) 星系？為何蝎虎座 BL 型天體沒有寬譜線而光學劇變類星體卻有⋯⋯除了這些問題以外，還有更多無法用統一模型解釋的現象。

　　在宇宙中，超大質量黑洞並不罕見。事實上，銀河系中心也有一個超大質量黑洞，質量約為 400 萬個太陽質量，只不過銀河系中心附近並沒有太多的物質可以讓它吸積，所以它不太活躍。目前認為所有的星系中心可能都有一個超大質量黑洞，且其質量與星系中央突核的質量成正比。

　　還有一個問題：在什麼情況下，星系中心的黑洞會成為一個活躍星系核呢？因為角動量守恆，一般在星系中運動的物質，並不易掉到星系中心。就好比太陽雖然對地球有很強的引力，但地球並不會被太陽吸進去。要讓物質掉到星系核心有兩種可能：

⑴透過星系交互作用或星系合併。因為星系交互作用而損失角動量的氣體，可以掉到星系的核心而觸發活躍星系核現象。

⑵在棒旋星系中，因為棒狀結構所產生的力矩，也可能讓一些氣體損失角動量而掉到星系中心，觸發活躍星系核。因此棒旋星系相對於非棒旋星系，活躍星系的比例較高。

9 宇宙大胃王的身世之謎：超大質量黑洞

文／黃崇源

　　相對論告訴我們：物體的速度不可以大於光速。如果有個天體的重力場非常強大，大到物體的速度必須大於光速才能脫離它，這就代表任何物體，甚至連光都無法脫離這個天體，這個天體就會成為一個黑洞。但黑洞的質量差異懸殊，有些黑洞大得超乎想像，形成原因似乎也跟一般的黑洞不太一樣，天文學家稱之為**超大質量黑洞**。

　　我們可以用牛頓力學中的這個概念簡單估計黑洞的半徑：當一個粒子的速度達到光速時，它的動能仍無法脫離它所受到的重力位能。

$$\frac{GMm}{R} = \frac{mc^2}{2}$$

$$R_{\text{Sch}} = \frac{2GM}{c^2}$$

　　上式中，G 代表重力常數；M 代表黑洞的質量；m 代表粒子的質量；c 代表光速；而 R_{Sch} 則是黑洞半徑，又稱為**史瓦西半徑**[1]。在史瓦西半徑之內的粒子，即使達到光速依然無法脫離黑洞。雖然上面用的

1.詳情請參〈I-3 黑色恐怖來襲！吃不飽的黑洞〉篇。

牛頓力學公式在相對論中並不正確，但它所得到的黑洞半徑結果卻恰好跟精確的相對論結果一樣。如果太陽成為黑洞，它的半徑大約只有3公里左右。

　　雖然黑洞有半徑，但不表示在那個半徑的位置有一個實際的表面。事實上，在黑洞半徑的位置，很可能沒有任何物質。黑洞半徑代表的只是一個「不歸點」，一旦進入了那個半徑範圍內，強大的重力將讓物質和光都無法再離開或回頭。

黑洞的分類

　　現代的天文觀測已經發現許多黑洞存在的證據。已發現的黑洞，可依它們的質量分成二大類：

⑴質量約是太陽質量的數倍到數十倍。 這類黑洞來自恆星演化的結果。大質量恆星演化到最後發生超新星爆炸，而恆星的核心則因重力塌縮而成為一個黑洞。

⑵質量約是太陽質量的 100 萬倍到數百億倍。這類超大質量黑洞都存在星系的核心中，它的起源雖然仍未完全清楚，但顯然跟星系的起源和演化有很大的關係。

　　一個具有太陽質量的黑洞，在黑洞半徑附近只要稍微改變一點點距離，就可以造成引力的巨大變化，也就是具有很強的潮汐力。任何物體通過黑洞半徑時都會被這強大的潮汐力撕成碎片，因此沒有人或生物可以安全地通過這種約與太陽質量相當的黑洞半徑，一窺黑洞內的世界。

　　由於黑洞半徑與黑洞的質量成正比，因此黑洞的質量愈大，半徑就愈大；而潮汐力則是與黑洞半徑的三次方成反比，因此當黑洞質量很大時，它的潮汐力反而變得很小。這代表超大質量黑洞在理論上很

可能可以允許生物安全地通過它的黑洞半徑，但是否真能通過？通過後又會發生什麼事？目前謎底還沒有揭曉。

另一方面，密度是質量除以體積。由於黑洞的質量與黑洞半徑成正比，體積則與黑洞半徑的三次方成正比，因此黑洞半徑內的平均密度與質量平方成反比。質量愈大的黑洞，黑洞半徑內的平均密度就愈小。例如：一個 2 億倍太陽質量的黑洞，它的平均密度大概只有水的二分之一。但黑洞內的物質不一定是均勻分布，因此平均密度並不一定能代表黑洞內部的實際狀態。

目前相信，大部分的大星系中心都有一個超大質量黑洞。離我們最近的超大質量黑洞就位在銀河系中心，有個位在人馬座的方向叫做人馬座 A*（Sagittarius A*，簡稱 Sgr A*）的無線電波源，它就是銀河系中心黑洞的位置。它也是迄今被觀察、測量得最仔細的超大質量黑洞，質量大概是太陽質量的 400 萬倍。

▲圖 1　人馬座 A* 的無線電波源在 X 光波段呈現的影像 (Credits: NASA/CXC/Stanford/I. Zhuravleva et al.)

　　天文學家如何知道星系中存在著超大質量黑洞？又是如何測量它的質量呢？目前大概有 3 種方式。像銀河系中心的超大質量黑洞，我們可由測量人馬座 A* 附近恆星繞行人馬座 A* 的橢圓軌道，利用克卜勒定律，準確地算出人馬座 A* 中黑洞的質量。

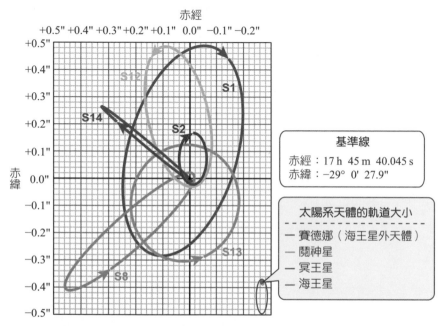

▲圖 2　對於本銀河系中心的黑洞，可以藉由測量附近恆星繞行人馬座 A* 的軌道運動，算出中心黑洞的質量。(Reference: Wikimedia/Cmglee)

　　另外，如果一個超大質量黑洞附近有足夠多的物質，這些物質被吸到黑洞的過程中可以釋放出極大的能量，產生活躍星系核現象。對於活躍星系核現象，唯一合理的解釋是來自星系中心的超大質量黑洞吸積，目前天文學家也有許多的觀測結果，可以利用一些經驗公式來推導出活躍星系核中黑洞的大約質量。對於一些距離我們較近但卻沒有活躍星系核現象的星系，天文學家可以觀測星系中心的速度瀰散程度，藉此推導出星系中心範圍內的總質量，並由此得到中心黑洞的可

能質量。因為黑洞的半徑跟它的質量成正比，未來我們也許還可以從觀測黑洞所造成的黑暗剪影推論出黑洞的質量。

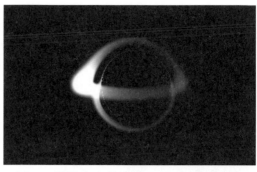

▲圖 3　黑洞會吸收光線，而周圍或背景的光線形成相對黑暗的剪影。未來也許可以利用觀測剪影的大小來推測黑洞的質量。(Credits: Wikimedia)

超大質量黑洞是如何形成的呢？

目前還沒有較完善的理論說明超大質量黑洞可以一次就形成。大部分的理論都假設要在高密度的區域先形成一個或多個比較小的黑洞，而這些黑洞可以快速吸收周圍的物質並互相合併，在短時間內長成超大質量黑洞。但這些理論的困難之處在於：如何將大量物質傳輸到一個很小的區域？角動量守恆讓物質很難只因重力的吸引就集中在一起，比如說月球雖然受到地球的重力吸引和束縛，但卻不會掉到地球上。事實上，因為日地潮汐力使月球獲得地球損失的角動量，反而造成月球離地球愈來愈遠。

目前觀測發現，超大質量黑洞的質量跟它所在的星系核球大小大致成正比，顯示超大質量黑洞的形成也跟星系核球的形成有關。因為星系核球都是很老的星球，代表超大質量黑洞的形成也發生在星系演化的極早期階段。目前已經發現紅移大於 7.5 的超大質量黑洞，意即有些超大質量黑洞可能在宇宙年齡還不到 7 億年的時候就已形成。

目前的星系演化理論認為星系的形成和演化是由暗物質所主導。如果超大質量黑洞的形成跟星系形成有關，我們也可以懷疑：超大質量黑洞的形成是否也跟暗物質有關？有些觀測發現，橢圓星系中的暗

▲圖 4　位在 M87（室女座 A）星系核心內的超大質量黑洞，這是人類史上首次捕捉到黑洞的真實影像，意義非凡。(Credits: EHT Collaboration)

物質含量跟星系中的超大質量黑洞質量有很好的相關性，比這些星系中的恆星質量與超大質量黑洞質量的相關性更好，這似乎暗示著超大質量黑洞的形成可能也跟暗物質有關。

　　在宇宙形成早期，一般物質的溫度相對較高，因此一般物質不容易很快速地冷卻塌縮成黑洞，當然也就更難在宇宙早期形成一個超大質量黑洞了。那為何在宇宙形成早期就有超大質量黑洞存在呢？一個可能的原因是：宇宙早期的一些原始黑洞也許是由暗物質所形成。因為暗物質與正常物質的作用很小，在宇宙早期一般物質溫度仍很高的時候，暗物質就已經跟正常物質分離，可以因為宇宙膨脹而快速冷卻，而冷卻的暗物質比一般物質更容易因重力作用塌縮成黑洞，最後持續吸積周圍的物質和暗物質，便形成了超大質量黑洞。但到目前為止，超大質量黑洞的形成仍是一個未解之謎。

超大質量黑洞的內部是什麼？

這是最後一個有趣的問題。超大質量黑洞的內部，可以是另一個世界嗎？這個問題當然沒有人知道答案，也可能永遠沒有人知道，但我們還是可以從另一個角度來看這個問題。當黑洞的質量愈大，它的平均密度就愈小；或者說，如果有一個固定密度的天體，當它變得夠大時，自然就成為一個黑洞。依據目前的宇宙背景輻射觀測，發現宇宙的平均密度大約是 10^{-29} 公克／立方公分。如果宇宙是靜止的，則當它的半徑達到約 150 億光年時，便會成為一個黑洞。但宇宙其實正在膨脹，所以這個問題更複雜。由此可見，我們無法排除宇宙可能其實是一個極大質量的黑洞，這也表示超大質量黑洞的內部，可能存在另一個世界。

心靈黑洞 —— 意識的奧祕　　　洪裕宏、高涌泉　主編

意識是什麼？心靈與意識從何而來？

我們真的有自由意志嗎？植物人處於怎樣的意識狀態呢？

動物是否也具有情緒意識？

過去總是由哲學家主導辯論的意識研究，到了 21 世紀，已被科學界承認為嚴格的科學，經由哲學進入科學的領域，成為心理學、腦科學、精神醫學等爭相研究的熱門主題。本書收錄臺大科學教育發展中心「探索基礎科學系列講座」的演說內容，主題圍繞「意識研究」，由 8 位來自不同專業領域的學者帶領讀者們認識這門與生活息息相關的當代顯學。這是一場心靈饗宴，也是一段自我了解的旅程，讓我們一同來探索《心靈黑洞——意識的奧祕》吧！